徹底的に 微分積分がわかる

数 学 指 南

志 村 史 夫 著

東京 裳 華 房 発行

Absolute Introduction to Calculus

by

Fumio Shimura

SHOKABO
TOKYO

〈㈱日本著作出版権管理システム委託出版物〉

まえがき

　小学校の「算数」が「数学」に変わる中学校から大学までの授業で,「数学」はかなり重きを置かれ,それに費やす時間が長いにもかかわらず,「数学」をわかりにくい,難しい,面白くないと思う学生は少なくない（実は,数学の方が算数よりもずっとやさしい,と私は思っているのであるが）.私自身の経験からいっても,「学校」で習う「数学」は具体性に欠け,「面白い」とはとてもいえない代物（しろもの）だった.しかし,数十年にわたって自然科学を学び,その中で「数学」の世話にもなっている私は,「数学が面白くないはずはない」と心から思うのである.入学試験に代表される「試験」が悪いと思うのであるが,「学校の数学」が面白くないのは,数学が一種の「暗記科目」にされてしまっているからである.また,数学を「試験」のために「勉強（強いて勉める）」させられるからである.たとえ「強いて勉め」させられても,それが,「試験」でよい点をとること以外に,「役に立つ」ものであれば,我慢もできよう.しかし,残念ながら,上で述べたように,「学校」で習う「数学」は具体性に欠けているため,それが,「試験」でよい点をとること以外に「役に立つ」ものとは思いにくいのである.それが証拠に,学校を卒業してから,特殊な職業についている人以外は,「数学」とはまったく無縁であろうし,また,無縁であっても実生活にはなんら支障がないのではないだろうか.

　ところで,私は,山田洋次監督の映画「男はつらいよ」（松竹株式会社,全48作）の熱狂的なファンであるが,この中で私が敬愛する"フーテンの寅さん"が,大学受験に失敗し浪人中の甥の満男の「何のために勉強するのかなあ」という質問に,「人間,長い間生きていりゃあいろいろなことにぶつかるだろう.な,そんなとき,おれみたいに勉強していない奴は,この,振ったサイコロで

でた目で決めるとか，そのときの気分で決めるよりしょうがない．ところが，勉強した奴は自分の頭できちんと筋道立てて，はて，こういうときはどうしたらいいかな，と考えることができるんだ」と答えている．いま私は大学で「教育」に携わっているのであるが，「何のために勉強するのか」という問に対して，この寅さん以上の答えは見つからない．

　まさに，数学は「筋道立てて考える」ことを教えてくれる，また，その訓練をしてくれる最たるものなのである．私は「数学は本来，誰にでも役立つもの」と思っているが，それは，この意味においてである．

　近代科学の祖・ガリレイは「自然の書物は数学の言葉によって書かれている」と述べている．確かに，数学が少しでもわかると「自然」を理解するのにも大いに役立つし，「自然」の神秘の驚嘆にもつながるのであるが，数学は何よりもまず，「ものごとを論理的に考えることの楽しさ」を教えてくれるものだと思う．

　本書は高等学校や大学で習う「数学」の中でも大きな位置を占める，そして，数学が嫌いになったり，不得意になったりする大きなきっかけになっているとも思われる「微分・積分」を「徹底的にわかる」ことを目的に書かれたものである．その「微分・積分」を「徹底的にわかる」ための準備として，基本となる「数と整式」「関数とグラフ」について，かなり詳しく説明した．「数学」は論理的に一段一段積み上げて修得していくものであるから，焦らずに一歩一歩進んでいっていただきたい．

　私は，読者のみなさんにお約束したい．本書を最後まできちんと読んだら，「微分・積分」を理解し，ひいては「数学」全体に対する興味が大きく膨らんでいるであろうことを．

　最後に，本書の企画，刊行の実務を担当していただき，執筆過程で適宜，極めて有益なコメントをいただいた裳華房の細木周治氏と新田洋平氏に深甚なる感謝の気持を捧げさせていただきたい．

　2008年　立春

志　村　史　夫

目　次

第1章　数と整式

1.1　さまざまな数 …………………………………………………………… 2
自然数と整数／"正（＋）"と"負（−）"の意味／分数と小数／有理数と無理数／虚数と複素数／数の四則計算／指数と対数／三角比

1.2　整式 ……………………………………………………………………… 28
算数と数学／文字式／整式の次数／整式の整理／整式の計算／因数分解

1.3　方程式と不等式 ………………………………………………………… 33
天秤と方程式の原理／未知数／1次方程式と2次方程式，高次方程式／連立方程式／不等式／絶対値と方程式，不等式

第2章　関数とグラフ

2.1　座標 ……………………………………………………………………… 50
直交座標／極座標／図形の数値化

2.2　関数 ……………………………………………………………………… 57
関数とは何か

2.3　さまざまな関数のグラフ ……………………………………………… 59
1次関数／分数関数／2次関数／3次関数／指数関数／三角関数／逆関数／合成関数

第3章　微　分

3.1　微分とは何か …………………………………………………………… 88

速さ／傾きと接線／分割の思想／極限計算／関数の連続性

 3.2 微分法 …………………………………………………… 100
  微分と微分係数・導関数／微分の公式／積と商の微分法／合成関数の微分法／逆関数の微分法／高次導関数／微分可能性／微分法の公式

 3.3 微分法の応用 ……………………………………………… 115
  接線と法線／関数の増減／最大・最小／極大・極小／方程式・不等式への応用／広い土地・狭い土地

第4章 積 分

 4.1 積分とは何か ……………………………………………… 132
  取りつくし法／取りつくし法の数学的扱い／関数の積分

 4.2 積分法 ……………………………………………………… 138
  積分計算／定積分と不定積分／偶関数と奇関数の定積分／置換積分法／部分積分法

 4.3 積分法の応用 ……………………………………………… 153
  面積の意味／定積分と面積／定積分と体積／回転体の体積

ま と め ……………………………………………………………… 167
 足し算と引き算／走行距離・速さ・加速度

付 録 ………………………………………………………… 170
 三角関数の公式／微分と積分の基本公式

問題の解答 …………………………………………………………… 174

索 引 ………………………………………………………… 187

目次

コラム

数の大小 …………………………… 3	三角関数 …………………………… 77
文字で表された数と分数 ………… 6	逆関数 ……………………………… 84
平方根から累乗根へ ……………… 10	三角関数の逆関数 ………………… 85
場合分け …………………………… 11	極限値を求める方法 ……………… 96
複号 ………………………………… 14	極限をとる経路 …………………… 97
実数と複素数 ……………………… 15	微分の記号 ………………………… 101
単位の意味 ………………………… 18	微分の公式を覚える必要性 ……… 104
平方根から指数へ ………………… 20	合成関数の議論における工夫 …… 107
対数の条件 ………………………… 21	微分の記号 ………………………… 110
常用対数と自然対数 ……………… 22	判定の十分性 ……………………… 114
三角比で表される数 ……………… 26	数学の定理における条件 ………… 114
方程式の計算操作における注意 … 38	法線の傾き ………………………… 116
未知数の個数と方程式の個数 …… 41	開区間における関数値 …………… 124
不等式の読み方 …………………… 42	微分のグラフへの応用 …………… 127
不等式の計算操作における注意 … 43	陰関数 ……………………………… 130
絶対値が含まれた式の取り扱い方 47	面積を求める極限 ………………… 138
極座標 ……………………………… 53	不定積分と定積分を結びつける … 141
関数 ………………………………… 58	定積分の記号 ……………………… 142
関数の表示 ………………………… 63	定積分と面積の違い ……………… 154
関数のグラフ ……………………… 69	体積の計算 ………………………… 162
指数関数と対数関数 ……………… 76	回転体と回転面 …………………… 165

第1章

数と整式

> 　数の学問である数学の基本は「数」である．
> 　われわれは，日常生活の中で「数値」を気に留めることはあっても，計り知れないほどの世話になっている「数」そのものを意識することはないだろう．
> 　ここであらためて，数学の基盤であるさまざまな「数」について，じっくり考えてみよう．
> 　次に，数学を「学」として組み立てていくための「立役者」ともいうべき「整式」について学ぼう．整式は方程式や不等式に発展していく．整式は，数学に「意味」をもたせてくれるものでもある．

1.1 さまざまな数

われわれの周囲の事物や現象を記述したり，理解したり，他人とのコミュニケーションをはかるうえで，"数"は数学の基本であるばかりでなく，われわれの生活の基本でもある．"数"は空気や水のように，われわれのそばに，あまりにも当然のように存在するので，われわれは"数"そのものを意識することも，"数"のありがたさを意識することもないが，本書の出発点としてまず，"さまざまな数"について考えてみよう．

◆ **自然数と整数** そもそも"数"は，物を数える必要性から生まれたものなので，最も基本的なのは 1, 2, 3, ... という，1 から始まり，次々に 1 を加えて得られる数である．これらはまさに"自然な数"であり，**自然数**と呼ばれる．

物を数えるとき，「何もない」ことを表すのが，インド人の天才によって発見された「ゼロ (0)」である．1 という自然数は「0 より 1 だけ大きい数」であり，2 という自然数は「0 より 2 だけ大きい数」ということができる．

それでは，ゼロ (0) より小さな数はどうすればよいのか．

もちろん，物体を「1 個，2 個，...」と数える場合には，"0"より小さな数は原理的に不要である．しかし，数は，具体的な物の数量を測るときにしか使われない，というものではなく，もっと便利なものである．

例えば，水の氷点を 0 °C，沸点を 100 °C に定めた温度の場合，氷点 (0 °C) より低い温度は実際に存在するので，このような場合，「0 より小さい」ということを表す"マイナス (−)"を導入すると便利である．例えば，"−10 °C"は"0 °C より 10 °C 低い"という意味である．このような"マイナス (負) の数"は，ある基準点を 0 にして，その点からの"大・小"を考える場合にも便利である．

自然数 (1, 2, 3, ...) に"マイナス (−)"をつけた数を**負の整数**あるいは**マイナスの整数**と呼ぶ．自然数は**正の整数**あるいは**プラスの整数**である．

いま，図 1.1 のように，1 本の線を引いて，その上の 1 点を "ゼロ (0)" として，そこから左右に一定の間隔で目盛をつけ，0 から右の方へ 1, 2, 3, ..., 左の方へ $-1, -2, -3, \ldots$ とすれば，整数の全体（0 も整数の 1 つ）を 1 直線上に順序よく定めることができる．そして，このような直線を**数直線**と呼ぶ．

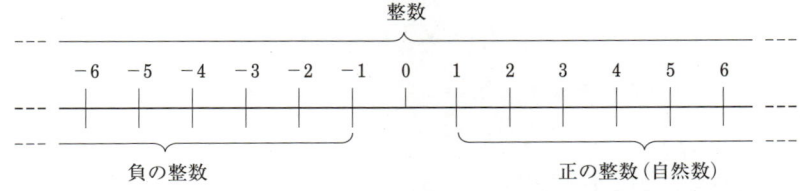

図 1.1 数直線

【**数の大小**】「数の大小」において，数学と実生活における使われ方に違いがある．「大きい数」についてのイメージには，両者に差がないと思うが，「小さい数」といったとき，負の数の存在を理解していても，実生活では「0 に近い数」を思い浮かべる．しかし，数学では，例えば「-100 は -10 よりも小さい」という約束になっている．一方，「微分」の第 3 章では「微小な数」というものが使われるが，これは 0 に近い数の意味であって，その使われ方の違いに注意する必要がある．

　数を大きくしていった究極の状態（数学では「極限」という）として「無限」という用語が使われることを知っている読者もいると思うが，数学では，「数」と呼ぶものには無限を含まないことになっている（したがって，「無限の数」という使い方もしない）．ところで，数を文字[注1)]で表しておくと，計算履歴が追跡できたり，後で具体的な数と置き換えたりすることができるため，一般論を展開するときや公式を示すときなどに，文字で表された数が使われる．当然，文字で表された数も無限の場合をとらないことはいうまでもない．

[注1)] 定数については a, b など，変数については x, y などを用いることが多い．

◆ **"正（＋）"と"負（－）"の意味** 数直線（図1.1）で説明した数の場合の"正（＋）"あるいは"負（－）"というのは，0より大きい，あるいは，0より小さいということを意味する．また，数量における"＋"は"余っている"を，"－"は"足りない"を意味する．

ところが，自然界の現象を巧みに説明する自然科学（特に物理学）では，そのような"余っている"とか"足りない"という意味ではなくて，同一の次元（土俵）で，反対の性質をもっていることを表す意味にも使われる．例えば，"電気（正しくは，電荷）"にはプラス（＋）とマイナス（－）の2種類があり，異種の電荷間には引力がはたらき，同種の電荷間には斥力がはたらく，という性質をもっている．この2種類の電荷は"正（プラス）の電荷"，"負（マイナス）の電荷"と呼ばれ，物理学では，それぞれの基本電荷単位が，それぞれ $+q$，$-q$ で表される．電荷の"プラス（＋）"とか"マイナス（－）"とかいうのは，あくまでも，人間が便宜上，勝手に決めたものであるが，このような正・負（＋・－）の概念は，しばしば自然現象を見事に説明する．

また，例えば，物理学では，ある地点から真北に向かって時速 100 km で走行する車に対し，同地点から真南に向かって時速 100 km で走行する車の時速を時速 -100 km と定義するようなことが行われる．この場合の"－（マイナス）"も"反対"を意味する記号と考えることができる．

ところで，われわれは符号の ＋，－ が"掛け算"で

$$(+) \times (+) = (+) \tag{1.1}$$

$$(+) \times (-) = (-) \quad \text{あるいは} \quad (-) \times (+) = (-) \tag{1.2}$$

$$(-) \times (-) = (+) \tag{1.3}$$

となることを教わっている[注2]．これらの式のなかで，式 (1.1) はわかりやすい．例えば 5 人にそれぞれ 3 個のリンゴを配るとすれば，リンゴの総数は

[注2] 符号の ＋，－ と，計算の和・差に用いられる ＋，－ とは意味が異なるが，式 (1.1)〜(1.3) の関係はそのまま成り立つ．

$(+5) \times (+3) = (+15)$ 個になる．また，式 (1.2) は，例えば，負の電荷 $-q$ が 5 個あるとすれば，負の電荷の総量は $(+5) \times (-q) = (-5q)$ となる．また，"借金（負債）"のような場合も同様である．つまり，マイナス（-）が何倍になるかということを考えれば，式 (1.2) の意味は容易に理解できるだろう．

ところが，式 (1.3) はちょっと不思議である．マイナス（負）にマイナス（負）を掛けるとプラス（正）になるというのは"理屈"で考えても理解しにくい．これは，人間が勝手に，そのように決めた，と考えるより仕方がないのであるが，先述の電気にかかわる現象など，さまざまな自然現象を説明する場合にとても便利なことも事実なのである[注3]．

◆ **分数と小数** 日常的な経験から，例えば，1 枚のピザを 8 等分するような場合のことから，**分数**という数の必要性はよく理解できるだろう．8 個に分割されたピザの 1 片は $1 (枚) \div 8 = \frac{1}{8}$ （枚）である．一般に $\frac{n}{m}$ の形で表される数（$m (\neq 0)$ と n は整数）を**分数**，m を**分母**，n を**分子**と呼ぶ．図 1.1 の数直線の 0 から 1 と，0 から -1 の部分を m 個に等分割すると，図 1.2 に示すように，単位目盛 $\frac{1}{m}$ が得られる（図では $m = 2, 3, 4, 5$ の場合を示した）．この図からも明らかなように，分数にも正・負の数がある．また，自然数（正の整数）は分母が 1 ($m = 1$) である特殊な分数 $\left(\frac{n}{1}\right)$ と考えることもできる．**小数**は分数と"親戚関係"にある．

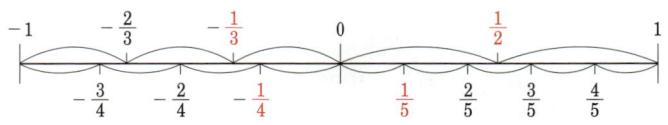

図 1.2 数直線の分割（分数の導入）

[注3] 符号の意味であった (+)，(-) が，「×」という計算動作によって，×(+) は「向きを変えない」，×(-) は「向きを反対にする」意味になったと考えてもよい．

> **【文字で表された数と分数】** 文字で表した数の掛け算（積）「$a \times b$」は，積の記号 × を省略して，「ab」と表すことが多い．ab を，一桁目の数が b で，二桁目の数が a である数と勘違いしてはならない．例えば，a を 3, b を 5 に置き換える場合，ab は 15 であって，35 としてはいけない．
>
> 分数において，$2\frac{3}{5}$ と $2\left(\frac{3}{5}\right)$（あるいは $2 \cdot \frac{3}{5}$）を正しく区別しているであろうか．前者は $2 + \frac{3}{5}$ $\left(= \frac{13}{5}\right)$ の意味であり，後者は $2 \times \frac{3}{5}$ $\left(= \frac{6}{5}\right)$ を意味している．$2\frac{3}{5}$ は帯分数（整数 2 と分数 $\frac{3}{5}$ の和において，記号 + を省略したもの）と呼ばれるものである．
>
> ここで，文字で表された分数を考えてみよう．$a\frac{b}{5}$ の場合，文字数の積と帯分数の和のどちらのルールで理解すればよいのであろうか．結論は，あいまいな表記は使わないことである．帯分数の意味ならば「$a + \frac{b}{5}$」と書き表す．積の意味ならば「$\frac{ab}{5}$」と書き表せばよく，$a\left(\frac{b}{5}\right)$ のようにわざわざ ( ) を使って表す必要もない．今後は，数についても帯分数表記は使わない．

われわれが日常的に用いる 10 進法（じっしんほう）では，次第に大きくなる自然数を

$$1, \quad 10, \quad 100, \quad 1000, \quad 10000, \quad \ldots$$

というように，10 を基本とする節目で切ってまとめる．

同じ考えを，次第に小さくなる方に適用すれば

$$\frac{1}{10}, \quad \frac{1}{100}, \quad \frac{1}{1000}, \quad \frac{1}{10000}, \quad \ldots$$

という節目が得られる．これを図 1.1 にならって，正の数の場合を数直線で表せば次のページの図 1.3 のようになる．1 目盛の長さを 10 倍に拡大するということは，もとの目盛に相当する長さが表す数を $\frac{1}{10}$ にするということである．負の数についても同様に表されることはいうまでもない．

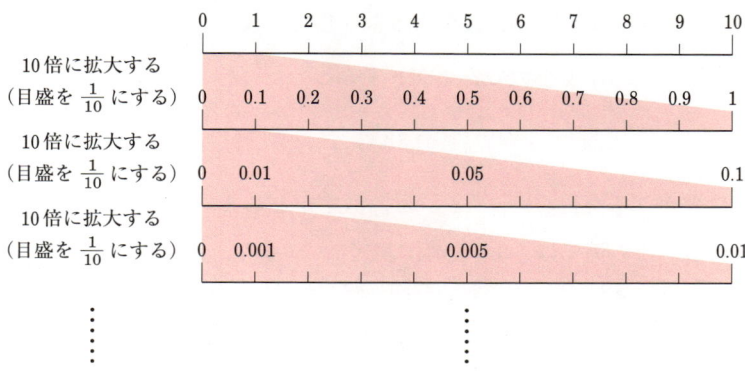

図 1.3 数直線の分割（分数の導入）

図 1.3 の 2 段目以下に見られる $0.1 \left(= \dfrac{1}{10}\right)$ や $0.05 \left(= \dfrac{1}{100} \times 5\right)$ を**小数**，1 の位の右にある "．" を**小数点**と呼ぶ．また，0.2 のように整数部分が 0 である小数（**小数部分**のみの小数）を**純小数**，1.25 のように整数部分が 0 でない小数を**帯小数**という．

分数は線分の分割，小数は 10 進法の概念を土台にして導入されたのであるが，それらが互いにどのように関係しているのかについて考えてみよう．

まず，小数の各位の数は図 1.3 に示すような目盛，つまり

$$\frac{1}{10}, \quad \frac{1}{100}, \quad \frac{1}{1000}, \quad \cdots$$

という分数をそれぞれ目盛にするわけだから，どのような小数でも分数で表現できる．例えば，0.719 は

$$0 + \frac{7}{10} + \frac{1}{100} + \frac{9}{1000} = \frac{719}{1000}$$

であり，1.948 は

$$1 + \frac{9}{10} + \frac{4}{100} + \frac{8}{1000} = \frac{1948}{1000}$$

である．

ところが逆に，すべての分数がすっきりした小数で表せるとは限らない．例えば，$\frac{1}{3}$ ($= 1 \div 3$) を小数で表そうとすると

$$0.3333\ldots$$

のように書かざるを得ない．"..."は，数字がどこまでも無限に続く，という意味である（この例では，3が無限に続く）．つまり，$1 \div 3$ は割り切れないのである．このように，小数部分が無限に続く小数を**無限小数**という．

ところで，周知のように，円の直径と円周の比を**円周率**と呼び，π（パイ）という記号で表す．つまり

$$\pi = \frac{円周}{直径}$$

である．現在，コンピューターを使い，π は小数点以下，億の桁まで計算されているのであるが，これは $3.1415926\ldots$ と無限に続く無限小数である．

このような $0.3333\ldots$ や π のような無限小数に対し，0.3333 や 3.1415926 のように，小数第何位かまでで表される，すなわち，無限に続かない小数を**有限小数**という．また，例えば

$$\frac{139}{270} = 0.5148148148\ldots$$

をよく眺めていただきたい．これも無限小数であるが，0.5 の後に，"148" が繰り返されていることに気づくだろうか．このように，小数部分のある位以下の数字が同じ順序で無限に繰り返される小数を，無限小数の中でも特に**循環小数**といい，繰り返される最初の数と最後の数の上に "・" をつけて

$$\frac{139}{270} = 0.5\dot{1}4\dot{8}$$

のように，以後繰り返される数を省略して表す．$\frac{1}{3} = 0.3333\ldots$ も，3が繰り返されるわけだから，一種の循環小数であり

$$\frac{1}{3} = 0.\dot{3}$$

のように書くことができる．

1.1 さまざまな数

◆ **有理数と無理数** 整数 $m\ (\neq 0)$, n を用いて $\dfrac{n}{m}$ の形に表される数を**有理数**という[注4]．整数 n は，$m=1$ の場合の $\dfrac{n}{m}$ だから，有理数である．

前項で述べたように，一般に，整数でない有理数は，小数で表すと有限小数あるいは循環小数になる．逆に，有限小数と循環小数は，必ず分数の形で表すことができ，有理数になる．

数には，有理数のほかに，前述の整数を用いた分数で与えられていない π や $\sqrt{2}$, $\sqrt{3}$（これらの数の意味は，すぐ後で説明する）のような有理数ではない数，つまり $\dfrac{n}{m}$ の形に表すことができない数がある．このような数を**無理数**という[注4]．無理数を小数で表すと，循環しない無限小数になる．

ところで，話が前後するが，2 乗（同じ数を 2 つ掛け合わせること）すると a になる数を a の**平方根**という．平方根は $\sqrt{a}$ という記号を用いて表す[注5]．記号 $\sqrt{}$ を**根号**といい "ルート" と読む．例えば，4 の平方根は $\sqrt{4}=2$ と $-\sqrt{4}=-2$ の 2 つある（$2^2=4$, $(-2)^2=4$）．$\sqrt{a}$ の意味から，一般に

$a \geqq 0$ のとき

$$(\sqrt{a})^2 = a, \tag{1.4}$$

$$(-\sqrt{a})^2 = a \tag{1.5}$$

$a \geqq 0$, $b \geqq 0$ のとき

$$\sqrt{a}\sqrt{b} = \sqrt{ab}, \tag{1.6}$$

$$\frac{\sqrt{a}}{\sqrt{b}} = \sqrt{\frac{a}{b}} \quad (\text{ただし，} b \neq 0) \tag{1.7}$$

ということがいえる．なお，$\sqrt{}$ を用いて与えられる数が必ず無理数になるわけではない．例えば，上記のように $\sqrt{4}=2$ である．

[注4] 整数を用いた分数で表せるか否かの立場から数を区分するための用語である（11 ページを参照せよ）．後でわかると思うが，分数 $\dfrac{1}{\sqrt{2}}$ は有理数ではないことに注意せよ．

[注5] $\sqrt{}$ で表される数については，次のページの【平方根から累乗根へ】を参照せよ．

【平方根から累乗根へ】 整数のときと同様に，$\sqrt{a}$ に対応する負の無理数は $-\sqrt{a}$ で表せばよいので，$\sqrt{}$ 内の数 a を負で考える必要はない．すなわち，$\sqrt{a}$ において $a \geqq 0$ である．この条件「$a \geqq 0$」は平方根の議論からも正当化される．

次に，平方根（2乗根）の考え方を発展させて，3乗すると a になる数（これを3乗根といい，記号 $\sqrt[3]{a}$ で表す）や，4乗すると a になる数（これを4乗根といい，記号 $\sqrt[4]{a}$ で表す）などを考えることができる．一般に，同じ数を自然数個掛け合わせることを**累乗**といい，同じ数を掛け合わせて得られた数に対して，掛け合わせるもとの数を**累乗根**という．

まず，2乗根（平方根）についてもう一度考えてみよう．正の数でも負の数でも，その2乗（平方）は必ず正の数になるから，a の2乗根を考える場合，a は正の数でなければならず，その2乗根は $\sqrt{a}$ と $-\sqrt{a}$ の2つあることになる．例えば，4の2乗根は $\sqrt{4}\ (=2)$ と $-\sqrt{4}\ (=-2)$ の2つ．

一方，3乗の場合，例えば，2を3個掛け合わせると8であり，-2を3個掛け合わせると -8 になる．したがって，3乗根 $\sqrt[3]{a}$ において，a は2乗根の場合と異なり正・負の両方の場合が許されるが，その3乗根の個数は $\sqrt[3]{a}$ の1つだけになる．例えば，-8 の3乗根は $\sqrt[3]{-8}\ (=-2)$ の1つ．

4乗根は2乗根の場合と同じことがあてはまり，5乗根の場合は3乗根と同じことがあてはまることに気づくであろうか．一般に，n 乗根（$\sqrt[n]{a}$）において，n が偶数のとき，「a は $\geqq 0$ でなければならず，その n 乗根は2つあり，$\sqrt[n]{a}$ と $-\sqrt[n]{a}$」であり，n が奇数のとき，「a は正・負のどちらもとれるが，その n 乗根は $\sqrt[n]{a}$ のただ1つ」ということになる．

ここで視点を変えて，n 乗根 $\sqrt[n]{a}$ の数 a に対して，n をいろいろと変える場合を考えよう．この場合，a が負であると n が偶数の場合を除かなければならないことになるが，a が正であればその不都合さは生じない．このことは，累乗・累乗根をさらに発展させた【平方根から指数へ】（20ページ）における「底 > 0」という条件につながっていくのである．

有理数と無理数を合わせて**実数**という．実数は，有理数と無理数によって切れ目なくつながっている．

いままでに述べたことをまとめると

$$
\text{実数}\cdots\begin{cases} \text{有理数}\cdots\begin{cases} \text{整数（特に，正の整数を自然数という）} \\ \text{有限小数} \\ \text{循環小数} \end{cases} \\ \text{無理数}\cdots\text{循環しない無限小数} \end{cases}
$$

となる．

ここで，図 1.1, 1.2, 1.3 に示した数直線を見ていただきたい．

すべての実数は数直線上の点として表され，逆に，数直線上のすべての点は実数と対応している．

また，数直線上で，原点 0 からの"距離"を**絶対値**と呼び，絶対値記号 | |（| | の間にはさまれた数を，必ず正の値として読み直すための記号）で表す．つまり，

$$a \geqq 0 \quad \text{のとき} \quad |a| = a, \tag{1.8}$$

$$a < 0 \quad \text{のとき} \quad |a| = -a \tag{1.9}$$

【場合分け】　式 (1.8), (1.9) は，式の中の絶対値記号をはずすときに使われる．この場合のように，数のとる範囲を 2 つに分ける（例えば，a を正の場合と，負の場合に分ける）ときなどで，0 に「等しい」ことをどちらに含めるかの決まりは特にない．等しいことを式 (1.9) の方に含めてもかまわない．通常は正の方に含めることがほとんどである．数学では同じ内容を重複して議論することは避けることになっている．したがって，「等しい」ことを式 (1.8) と (1.9) の両方に含めることは行わない．

であり，また

$$|a| \geqq 0, \tag{1.10}$$
$$|a| = |-a| \tag{1.11}$$

である．

具体的には，例えば

$$|4| = |-4| = 4$$

である．

式 (1.8)～(1.11) の成立は容易に納得できることと思う．また，絶対値について

$$|a|^2 = a^2 \tag{1.12}$$
$$|ab| = |a|\,|b| \tag{1.13}$$
$$\left|\frac{b}{a}\right| = \frac{|b|}{|a|} \quad (a \neq 0) \tag{1.14}$$

がいえる．

また，$\sqrt{a^2} = |a|$ がいえることも明らかであろう．

ところで，余談であるが，「有理数」，「無理数」というのは，それぞれ英語の "rational number"，"irrational number" の訳語，「理」は "rational" の訳である．"rational" は「理がある」という意味なので，それぞれの英語を「有理数」，「無理数」と訳すことには "理がある" ように思われる．しかし，それぞれの数学的な意味，つまり「$\frac{n}{m}$ で表されるか否か」を考えれば，「理が有る」，「理が無い」というのは少しおかしいのではないか．実は，"rational" は名詞 "ratio（比）" に由来する形容詞である．"$\frac{n}{m}$" はまさしく**比** $(m:n)$ を表すものだから，本当は「有比数」，「無比数」と呼ぶべきと思われる．

◆ **虚数と複素数**　式 (1.1), (1.3) から明らかなように，正の数はもとより，負の数も 2 乗（平方）すれば必ず正の数になる．したがって，(実数)$^2 \geqq 0$ でなければならない．それが実数というものである．

例えば，方程式の場合であれば，

$$x^2 = 2 \qquad (1.15)$$

は，実数の範囲で $\sqrt{2}$ と $-\sqrt{2}$ の解をもつが，

$$x^2 = -2 \qquad (1.16)$$

は，実数の範囲では解をもたないことになる（式自体が意味をもたない）．

そこで，数の範囲を実数から拡張して，2 乗（平方）して "-1" になるような数を創作し，これを "i" という記号で表すことにする．平方して "マイナス" になるような数は，実際には存在しない "仮想的な数 (imaginary number)" なので，このような数は実数に対して**虚数**と呼ばれる．つまり，

$$i^2 = -1 \qquad (1.17)$$

とすれば，上記の $x^2 = -2$ は

$$(\sqrt{2}\,i)^2 = (\sqrt{2})^2\,i^2 = 2 \times (-1) = -2,$$
$$(-\sqrt{2}\,i)^2 = (-\sqrt{2})^2\,i^2 = 2 \times (-1) = -2$$

となるから，数の範囲を虚数にまで広げるならば，方程式 (1.16) は

$$x = \pm\sqrt{2}\,i$$

という 2 つの解をもつことになる．つまり，2 の平方根が $\pm\sqrt{2}$ であるのに対し，-2 の平方根は $\pm\sqrt{-2}$ すなわち，$\pm\sqrt{2}\,i$ となる．

この "i" という記号は "imaginary（仮想的な）" の頭文字で，これを**虚数単位**と呼ぶ．

> **【複号】** $\sqrt{2}$ と $-\sqrt{2}$ のように，符号だけが異なっている 2 つの数や式をまとめて表すときに使われる記号が複号「$\pm$」である．この記号が使われている場合，1 つの式ではないことを忘れてはいけない．複号が入ったまま計算を進めることも可能であるが，複号 $\pm$ に -1 を掛けると，複号が $\mp$ となることに注意が必要である．また，2 つの複号が式に含まれている場合，複号を組み合わせて考える式が 4 つになるなど，表記は簡潔であっても，内容はややこしくなる．
>
> なお，以後の説明において「複号同順」という用語が用いられることがある．この場合には，2 つ以上の複号が式中に含まれている場合であっても，複号の「上側同士」と「下側同士」を選んだ，2 つの式を考えればよい．

この虚数単位 (i) を使うと，一般に，$a > 0$ のとき，$-a$ の平方根は $\pm\sqrt{a}\,i$ であり，$\sqrt{-a} = \sqrt{a}\,i$ と定める．

このような虚数を導入すれば，実数 k の平方根は k の符号にかかわらず，$\sqrt{k}$ と $-\sqrt{k}$ になる．つまり，実数 k の符号にかかわらず，2 次方程式 $x^2 = k$ の解は $x = \pm\sqrt{k}$ となる．

例えば，2 次方程式 $(x-1)^2 = -4$ の解は

$$x - 1 = \pm\sqrt{-4}$$
$$= \pm 2i$$
$$\therefore \quad x = 1 \pm 2i$$

となる（"$\therefore$" は "ゆえに" の意味を表す記号である）．

一般に，$1 \pm 2i$ のように，2 つの実数 a, b を用いて

$$a + bi$$

の形で表される数を考えるとき，a をその**実部**，b をその**虚部**と呼ぶ．そして，このように実部と虚部からなる数を**複素数**という．複素数 $a + bi$ は，$b = 0$ の

ときは実数となるが，$a=0$ で $b \neq 0$ のとき，つまり，bi という形の虚数を**純虚数**という．

以上をまとめると

$$\text{複素数 } a+bi \begin{cases} \text{実数 } a & (b=0) \\ \text{虚数 } a+bi & (b \neq 0) \\ \quad (\text{特に } a=0 \text{ のとき，純虚数 } bi) \end{cases}$$

となる．

また，a, b, c, d を実数とするとき，$a+bi$ と $c+di$ の 2 つの複素数が等しいのは，$a=c$, $b=d$ がともに成り立つ場合に限られる．$a+bi=0$ であれば，$a=0$, $b=0$ である．

【実数と複素数】 大雑把ではあるが，"数"を「自然数 → 整数 → 有理数 → 実数」というように発展させてきた．このとき，→ 印の右側にある数は左側の数を完全に含んでいる．ところで，虚数は「実部 + 虚部」で表されるものであるから，形式上，虚部が 0 の場合も考えることができる．しかし，この場合は虚数に含めず，実数と考えることになっている．とはいっても，「実部 + 虚部」において虚部が 0 になる場合を含めて，統一的に扱えることが望ましい．このため，実数と虚数をまとめたものが「複素数」である．したがって，虚部をもつ数を「虚数」として扱うよりも「複素数」とした方が，より一般的な扱いが可能となる．逆に，「虚数」という用語が使われた場合には，虚部が決して 0 にならない場合を考えていることになる．数学における議論としては，実数よりも「複素数」の方が，より一般的となるが，その議論は相当に複雑になるため，大学の多くの入門書では「実数」の範囲での議論に限定されている．本書においても，目的が「微分・積分の基本的理解」にあるため，やはり「実数」の範囲で議論することにする．

◆ 数の四則計算　2つの実数 a, b に対して

$$\text{和}: a + b \qquad （足し算・\textbf{加法}）$$

$$\text{差}: a - b \qquad （引き算・\textbf{減法}）$$

$$\text{積}: a \times b = ab \qquad （掛け算・\textbf{乗法}）$$

$$\text{商}: a \div b = \frac{a}{b} \ (b \neq 0) \qquad （割り算・\textbf{除法}）$$

が考えられる．これら4つの計算（加・減・乗・除）法則を**四則計算**という．ただし，除法においては，分母が0となる場合は除外される．つまり「0で割る」ということは考えないのである．

2つの自然数の和と積は自然数であるが，差と商は自然数になるとは限らない．例えば，$b > a$ であれば，差は負の数になるし，商は1より小さな数になってしまう．また，2つの整数の和，差，積は整数であるが商は整数になるとは限らない．つまり，"割り切れない（余りが出る）"場合がある．すなわち，数を自然数や整数に限定してしまうと，四則計算の一部が成り立たない（法則と呼べるのは，対象とする数のすべてに対して適用できる場合だけである）．

しかし，2つの有理数の和，差，積，商はいずれも有理数になる．実数についても，有理数の場合と同様に，2つの実数の和，差，積，商は実数である．

つまり，有理数や実数においては，四則計算を自由に行うことができ，次の計算法則が成り立つ（+ を − に置き換えてもよい）．

$$\text{交換法則} \quad a + b = b + a \tag{1.18}$$

$$ab = ba \tag{1.19}$$

$$\text{結合法則} \quad (a + b) + c = a + (b + c) \tag{1.20}$$

$$(ab)c = a(bc) \tag{1.21}$$

$$\text{分配法則} \quad a(b + c) = ab + ac \tag{1.22}$$

$$(a + b)c = ac + bc \tag{1.23}$$

◆**指数と対数** ここで，自然界に存在する物の大きさについて考えてみよう．

物の大きさを考えるには，われわれの身体の大きさの表示単位であり，日常的な長さの単位であるメートル（m）を基準にするのが好都合である．どのくらい大きいか，どのくらい小さいか，を同じ基準を用いることによって，具体的に比較することができるようになる．

われわれが住む地球の直径は赤道で約 13000000 m で，銀河系の半径は約 10000000000000000000000 m である．また，われわれの身体を含むすべての物質は原子からできているが，その原子の大きさはおよそ 0.0000000001 m である．普段，あまり意識することがないのであるが，われわれは想像を絶する小ささから，想像を絶する大きさの世界の中で生きているのである．

想像を絶することはともかく，0 が 21 個も並ぶ 1000000000000000000000 や，小数点以下に 0 が 9 個も並ぶ 0.0000000001 のような数字をそのまま表示していたのでは非常に不便である．0 の数を間違えることは容易に想像できるだろう．日常生活で，数字を 1 桁間違えたら大変なことになってしまう．

そこで導入されるのが，同じ数を掛けた個数を上つき添字（1 個の場合を表す 1 は通常省略する）によって表す**指数**という便利な数である．

例えば，$10 \times 10 \times 10$ というように 10 を 3 個掛けた 1000 ならば 10^3 と表す．同様に，前述の 1 の後に 0 が 21 個並ぶ数は 10^{21} と書く．また，$\frac{1}{10} \times \frac{1}{10} \times \frac{1}{10} \times \frac{1}{10}$ で，この $\frac{1}{10}$ を 10^{-1} と表すことにすれば，10^{-1} を 4 個掛けた 0.0001 ならば 10^{-4} と表す．このとき，原子の大きさはおよそ 10^{-10} m と書ける．また，地球の赤道直径 13000000 m は 1.3×10^7 m と書ける．

上記の数字を整理してみよう．

$$1000 = 10 \times 10 \times 10 = 10^3$$

$$1\underbrace{00000000000000000000}_{\text{0 が 21 個}} = \underbrace{10 \times 10 \times \cdots \times 10 \times 10}_{\text{10 を 21 個掛ける}} = 10^{21}$$

$$13000000 = 1.3 \times 10 \times 10 \times 10 \times 10 \times 10 \times 10 \times 10 = 1.3 \times 10^7$$

$$0.\underbrace{000}_{0\text{ が }3\text{ 個}}1 = \underbrace{\frac{1}{10} \times \frac{1}{10} \times \frac{1}{10} \times \frac{1}{10}}_{\frac{1}{10}\text{ を }4\text{ 個掛ける}} = (10^{-1})^4 = 10^{-4}$$

$$0.0000000001 = \frac{1}{10} \times \frac{1}{10} \times \cdots \times \frac{1}{10} = (10^{-1})^{10} = 10^{-10}$$

このように，10 の右肩についている数（上の例では 3, 21, −4 など）を**指数**と呼ぶ．また，"土台"の数（この場合は 10）を**底**と呼び，例えば 10^3 は「10 の 3 乗」，10^{-4} は「10 のマイナス 4 乗」と読む．

自然界に存在するさまざまなものをメートル（m）の単位で指数を使って表したのが図 1.4 である．

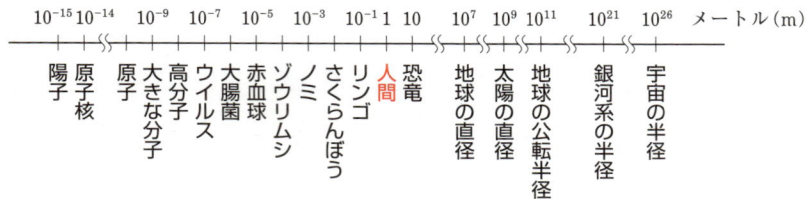

図 1.4 自然界のものの大きさの比較（原 康夫 著『量子の不思議』（中公新書）より一部改変）

このように，10 を"土台（底）"にした指数は非常に大きな数や非常に小さな数を考えるときに非常に便利なものである．

【単位の意味】 数学と物理（など）では，「単位」といったときの意味がやや異なる．数学で「単位」といったときは，「数の基準の 1（あるいは 1 を定めること）」を意味している．一方，物理などでは，基準の 1 とともに，その 1 が意味する各種現象の種類（重さや時間など．重さに対しても，グラムやトンなどいろいろな種類がある）を表す意味に対して使われることが多い．

いま，"土台"が 10 の場合について述べたのであるが，もちろん"土台"はどんな数字でもかまわない．例えば

$$2, \quad 4, \quad 8, \quad 16, \quad 32, \quad 64, \quad 128, \quad \ldots$$

という数字の並びは，2 を"土台"とすることで

$$2, \quad 2^2, \quad 2^3, \quad 2^4, \quad 2^5, \quad 2^6, \quad 2^7, \quad \ldots$$

と表すことができる．2 を"土台（底）"とする数は，コンピューターの演算で使われる **2 進法** の基本になっている．

一般に，ある数が a^m（$a > 0$ で，m は自然数とする）で表せるとき，これは「a の m 乗」と読まれ，すでに述べたように m を **指数**，a を **底** と呼ぶ．そして

$$\frac{1}{a^m} = a^{-m}, \tag{1.24}$$

$$a^0 = 1, \tag{1.25}$$

$$a^{\frac{n}{m}} = \sqrt[m]{a^n} \quad (n \text{ も自然数}) \tag{1.26}$$

と定義する．ここで，$\sqrt[m]{a^n}$ は「a の n 乗の m 乗根」と読む．$m = 2$ の場合は省略され $\sqrt{a^n}$ と書かれ，すでに述べたように "平方根" である．また

$$a^m \times a^n = a^{m+n}, \tag{1.27}$$

$$\frac{a^m}{a^n} = a^{m-n}, \tag{1.28}$$

$$(a^m)^n = a^{mn} = (a^n)^m, \tag{1.29}$$

$$(ab)^m = a^m b^m, \tag{1.30}$$

$$\left(\frac{b}{a}\right)^m = \frac{b^m}{a^m} \tag{1.31}$$

が成り立ち，これらを **指数法則** という．式 (1.24)〜(1.31) は，a を $a > 0$ と制限したことにより，m, n が実数の場合でも成り立つことが知られている．

【問題 1.1】 指数法則を用いて，次の計算をせよ．
（1） 100000×10000000 （2） $(1000)^3$ （3） $100000 \div 1000$
（4） 0.000001×0.05 （5） $(25)^4$ （6） $\dfrac{1}{10000} \times 100 \times \dfrac{1}{1000}$
（7） $5000 \times \dfrac{1}{100000} \div \dfrac{1}{10000}$

【平方根から指数へ】 数 a の 2 乗 a^2 や 3 乗 a^3 はすでに学んできた．これを発展させたものが「指数によって表される数」である．指数に選ばれる数を「自然数」だけでなく，もっと一般に，「実数」の範囲にまで広げて考えるのである．ただし，底 a に対して，指数がどのような実数であっても「指数によって表される数」が定義できて，指数法則が成り立つようにするためには，底 a が「$a > 0$」という条件を満たしていなければならないことが知られている（この条件は，後で学ぶ「指数関数」の定義のときに直接的に関係してくる）．逆に，下線部分の条件を満たすものしか「指数によって表される数」を考えてはいけないというわけではない．例えば，なじみのある $0^2 (= 0)$, $(-2)^2 (= 4)$ のように，底が 0 や負の数であっても，指数の値によっては，「指数によって表される数」が定義される場合もある．

このように，「指数によって表される数」は指数と底の種類の組合せによって定義されたりされなかったりする．この関係はわかりにくいところがあるので，注意が必要である．

ところで，「$2^2 = 4$, $9^{\frac{1}{2}} = 3$」のように，指数によって表されている数（等式の左辺の数）を具体的な実数（等式の右辺の数）で表せるものもある．しかし，そのような例はまれであって，一般には「指数によって表される数」のままで扱わなければならない．しかし，「指数法則」をうまく利用することによって，数の表示を簡潔にしたり，指数によって表される数同士の積を 1 つの「指数によって表される数」にまとめたりすることができる．

さて，$N = a^m$ は「a の m 乗は N である」という意味があるが，これは「m は，a を N になるまで掛け合わせた個数である」といっても同じであり，このことを

$$m = \log_a N \quad (a > 0, \ a \neq 1) \tag{1.32}$$

と表す．ここで，m を**対数**，a を**底**，N を対数 m の**真数**と呼ぶ．なお，式 (1.32) の m はどのような実数でもよいことが知られている．"log" は "logarithm（対数）" を縮めた記号で "ログ" と読む．

また，$a^0 = 1$，$a^1 = a$ より次の式が成り立つ．

$$\log_a 1 = 0 \tag{1.33}$$

$$\log_a a = 1 \tag{1.34}$$

【対数の条件】 $N = a^m$ は等式であるから，a, m, N それぞれが直接的に関係しあっている．「N は a の m 乗」で，「a は N の m 乗根」であることをすでに学んでいる（10 ページ参照）．次に，「m は…」に答えているものが，ここで説明した「対数」である．

上では m を自然数としたが，「指数によって表される数」において，m が**どのような実数**であっても「指数によって表される数」が定義されるためには，底 a が「$a > 0$」という条件を満たしていることを必要とした．対数についても条件「$a > 0$」を引き継ぐことにする．

同じ条件を共有することで，指数で表される数における m と，対数の m とが同等になることが期待される．実際，相違点はただ 1 つ，底 a が「$a = 1$」となるときだけである．理由は，m がどのような数であっても $1^m = 1$ になってしまうため，底が 1 のときに真数は 1 しかとれず，対応する対数 m も 1 つに定まらないことが起きてしまう．このため，対数では，$a > 0$ のほかに，$a \neq 1$ という条件が必要になるのである．また，$a > 0$ としたことから，必ず $N > 0$ であることがわかる．

具体的な指数と対数との関係は，例えば

$$10000 = 10^4 \quad \longleftrightarrow \quad 4 = \log_{10} 10000 = \log_{10} 10^4$$

となる．10 を底とする対数は特に**常用対数**と呼ばれる．また，分野ごとに底を省略した表記が使われる（下の【常用対数と自然対数】を参照）．

$M > 0, \ N > 0$ のとき，一般に

$$\log_a MN = \log_a M + \log_a N \tag{1.35}$$

$$\log_a \frac{M}{N} = \log_a M - \log_a N \tag{1.36}$$

$$\log_a M^b = b \log_a M \tag{1.37}$$

が成り立つ．また，a, b, c が正の数で，$a \neq 1, \ c \neq 1$ のとき

$$\log_a b = \frac{\log_c b}{\log_c a} \tag{1.38}$$

が成り立ち，これらの 4 つの式を**対数法則**という．式 (1.38) は，対数の底を変更するときに使われる．

【**常用対数と自然対数**】　底を 10 とする常用対数は，10 進法と対応しているため，実用でもよく使われる．常用対数とともに，応用上重要な対数として，**自然対数**と呼ばれるものがある．底は 2.718... という無理数で，$\log_e M$ のように記号 e で表すことになっている．微分積分においては，常用対数よりも重要となる．「log」で表された対数は，理工学では常用対数を意味することが多い（この場合，自然対数は「ln」で表され，「log」と区別される）が，微分積分の教科書を始めとする数学では，log は自然対数を意味し，底も省略されるので，注意が必要である．

なお，自然対数において無理数というキリの悪い数をわざわざ底に選んでいる理由は，対数を関数に発展させた $\log_e x$（通常は $\log x$ と表す）を微分したときの式の簡単さにある（113 ページ参照）．

1.1 さまざまな数

> 【問題 1.2】 対数法則を用いて，次の計算をせよ．
> （1） $\log_6 4 + \log_6 9$ （2） $\log_3 27 + \log_2 16$
> （3） $\log_2 \sqrt{3} + 3\log_2 \sqrt{2} - \log_2 \sqrt{6}$ （4） $\log_3 36 - \log_3 4$

> 【問題 1.3】 次の数が何桁の数になるか求めよ．ただし，$\log_{10} 2 = 0.301$，$\log_{10} 3 = 0.477$ とする．
> （1） 2^{200} （2） 3^{300} （3） $2^{200} \times 3^{300}$

◆ **三角比** これまでに，さまざまな"数"について述べてきたのであるが，ここで視点をちょっと変えて，例えば，直接計測することが困難な高層ビルや高い木の高さを知ることなど，数学や物理学の分野のみならず日常生活の中のさまざまな場面にも応用可能な**三角比**について述べておこう．

図 1.5 に示すように，$\theta = \angle \text{PAX}$ において，その 1 辺 AX 上の点 B, B$'$ から辺 AP に垂線 BC, B$'$C$'$ を伸ばして直角三角形 $\triangle$ABC, $\triangle$AB$'$C$'$ を作ると

$$\triangle \text{ABC} \backsim \triangle \text{AB}'\text{C}'$$

（$\backsim$："相似"を表す記号）

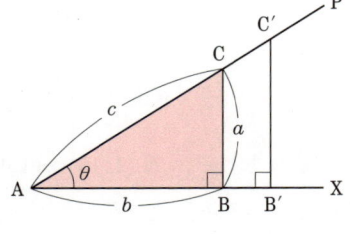

図 1.5 相似の三角形

となる．ここで，例えば辺 AB の長さをそのまま AB で表すことにすれば，相似な直角三角形の辺の長さについて

$$\frac{\text{BC}}{\text{AB}} = \frac{\text{B}'\text{C}'}{\text{AB}'} \tag{1.39}$$

$$\frac{\text{BC}}{\text{AC}} = \frac{\text{B}'\text{C}'}{\text{AC}'} \tag{1.40}$$

$$\frac{\text{AB}}{\text{AC}} = \frac{\text{A}'\text{B}'}{\text{AC}'} \tag{1.41}$$

が成り立つ．つまり，各辺間の比は，点 B のとり方によらず $\theta = \angle \mathrm{PAX}$ の大きさだけによって定まるのである．そして，式 (1.39)〜(1.41) をそれぞれ**正接**（タンジェント：tangent），**正弦**（サイン：sine），**余弦**（コサイン：cosine）と呼び，それぞれ，θ と名称の一部を用いた記号によって

$$\frac{\mathrm{BC}}{\mathrm{AB}} = \tan\theta \tag{1.42}$$

$$\frac{\mathrm{BC}}{\mathrm{AC}} = \sin\theta \tag{1.43}$$

$$\frac{\mathrm{AB}}{\mathrm{AC}} = \cos\theta \tag{1.44}$$

と書く．これらの正接，正弦，余弦をまとめて**三角比**という．

図 1.5 に示す直角三角形（$\theta = \angle \mathrm{CAB}$）△ABC の各辺（とその長さ）を c（斜辺），b（底辺），a（対辺）とすれば，式 (1.42)〜(1.44) はそれぞれ

$$\tan\theta = \frac{a}{b} \tag{1.45}$$

$$\sin\theta = \frac{a}{c} \tag{1.46}$$

$$\cos\theta = \frac{b}{c} \tag{1.47}$$

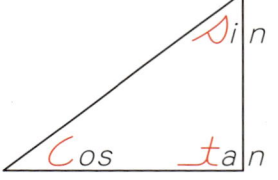

図 1.6 直角三角形と sin, cos, tan

と書き表される．式 (1.45)〜(1.47) を覚えるには，図 1.6 に示すように "tan"，"sin"，"cos" の頭文字の筆記体を書くときの筆使いを考えるとよい．

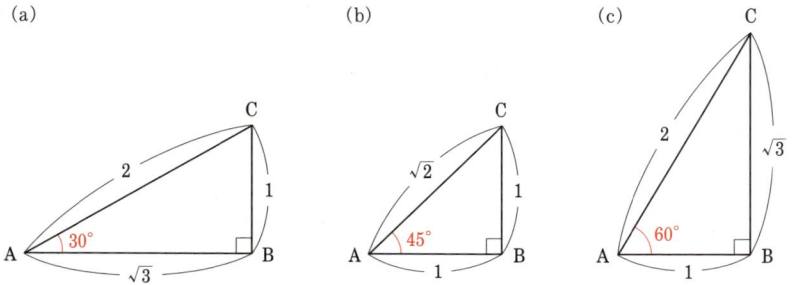

図 1.7 覚えておくと便利な 3 つの直角三角形

なお，図 1.7 と表 1.1 に，覚えておくと便利な $\theta = 30°, 45°, 60°$ の直角三角形の各辺の長さを示しておく．いうまでもないと思うが，図 1.7 の (a) と (c) の直角三角形の形状は同じである（三角形の内角の和は $180°$）．

表 1.1 覚えておくと便利な三角比

θ	$30°$	$45°$	$60°$
$\sin\theta$	$\dfrac{1}{2}$	$\dfrac{1}{\sqrt{2}}$	$\dfrac{\sqrt{3}}{2}$
$\cos\theta$	$\dfrac{\sqrt{3}}{2}$	$\dfrac{1}{\sqrt{2}}$	$\dfrac{1}{2}$
$\tan\theta$	$\dfrac{1}{3}$	1	$\sqrt{3}$

式 (1.46), (1.47) より

$$a = c\sin\theta \qquad (1.48)$$
$$b = c\cos\theta \qquad (1.49)$$

が得られるので，これらの式を式 (1.45) に代入すると

$$\tan\theta = \frac{c\sin\theta}{c\cos\theta} = \frac{\sin\theta}{\cos\theta} \qquad (1.50)$$

が得られる．

また，**三平方の定理**（**ピタゴラスの定理**と呼ばれることもある）

$$a^2 + b^2 = c^2 \qquad (1.51)$$

に，式 (1.48), (1.49) を代入すると

$$(c\sin\theta)^2 + (c\cos\theta)^2 = c^2$$
$$(\sin\theta)^2 + (\cos\theta)^2 = 1 \qquad (1.52)$$

が得られる．また，式 (1.52) の両辺を $(\cos\theta)^2$ で割ると

$$\frac{(\sin\theta)^2}{(\cos\theta)^2} + \frac{(\cos\theta)^2}{(\cos\theta)^2} = \frac{1}{(\cos\theta)^2}$$
$$(\tan\theta)^2 + 1 = \frac{1}{(\cos\theta)^2} \qquad (1.53)$$

が得られる．

ここで，$(\sin\theta)^2 = \sin^2\theta$, $(\cos\theta)^2 = \cos^2\theta$, $(\tan\theta)^2 = \tan^2\theta$ と書き表すと（右辺の表記が一般に用いられる），次の関係が成り立つ．

―― 三角比の相互関係 ――

① $\tan\theta = \dfrac{\sin\theta}{\cos\theta}$

② $\sin^2\theta + \cos^2\theta = 1$

③ $1 + \tan^2\theta = \dfrac{1}{\cos^2\theta}$

【三角比で表される数】 指数によって表される数や対数は，底や指数・真数を実数の範囲で考えるならば，やはり実数で与えられる．したがって，指数や対数は虚数のような新しい「数」を定義するものではない．単純に，「計算規則」を経て得られたものである．「三角比」も同様である．

また，三角比においても，数の四則計算を角 θ に対して直接適用することはできない（例えば，$\sin\theta + \sin 2\theta$ を $\sin 3\theta$ としてはいけない）．三角比に対しては，「加法定理」(170 ページ参照) と呼ばれる，いくつもの計算公式が知られている．

三角形では，「角の大きさ」と「対辺の長さ」は直接的に関係している．特に，直角三角形の場合には，同じ形（＝角が同じ）であれば，三角形の大きさにかかわらず（＝個々の辺の長さにかかわらず），2 辺の長さの比（＝角の大きさから定まる数）は一定である．三角比の基本的考え方は，この性質に基づいている．

いろいろな角について 2 辺の比を考える上で，一番都合がよいのは，つねに「斜辺の長さを 1 として」考えることである．さらに，三角形から始めた考え方を「円の半径を斜辺と考え，この半径が動くことで与えられるいろいろな角（図 1.8 参照）が定める数」に発展させる．

後に，角を変数と考えることにより，三角比は「三角関数」に発展していく（77 ページ参照）．回転運動は「半径の回転によって定まる」運動である．したがって，三角比（三角関数）は，実用上も重要である．

ここであらためて"角度"のことを述べておきたい．例えば図 1.8 のように，半径 r の円を描き，AO から BO に向かう角度 $\angle\mathrm{AOB} = \theta$ を考える．いままで，この角度の単位として"°（度）"を用いてきた．そして，90° を"直角"，$0° < \theta < 90°$ を"鋭角"，$90° < \theta < 180°$ を"鈍角"と呼んだのである．また，点 A から半周すれば 180°，1 周すれば 360° である．

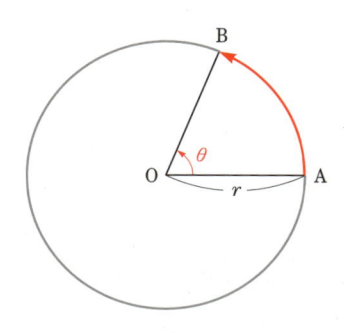

図 1.8 角度と円弧

ここで，新しい角度の測り方として弧 $\stackrel{\frown}{\mathrm{AB}}$ の長さに基づくものを導入する．これは，A から B まで円周上を動くとき，どれくらいの距離を移動したか，という考え方である．もちろん，半径が異なれば，弧 $\stackrel{\frown}{\mathrm{AB}}$ の長さは異なるのであるが，1 つの円において，中心角 $\angle\mathrm{AOB}$ の大きさと弧 $\stackrel{\frown}{\mathrm{AB}}$ の長さは比例する．このことを使って角の大きさを表す方法を**弧度法**という．

弧度法では，図 1.9 に示すように，点 O を中心とする半径 1 の円周上の 2 点 A, B に対する中心角 $\angle\mathrm{AOB}$ の大きさを弧 $\stackrel{\frown}{\mathrm{AB}}$ の長さ θ で表して，**ラジアン**または**弧度**という単位（記号は rad）をつける．

半径 1 の円を 1 周（360°）すると，弧の長さは円周になり，それは 2π（π は円周率）なので，360° が 2π ラジアンということになる．半周の 180° は π ラジアンである．これらをもとに"度（°）"と"ラジアン"の関係を示すと表 1.2 のようになる．

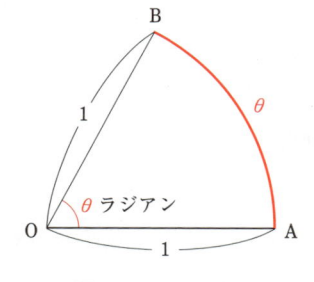

図 1.9 ラジアン

表 1.2 度とラジアンの関係

度	0°	30°	45°	60°	90°	120°	180°	270°	360°
ラジアン	0	$\dfrac{\pi}{6}$	$\dfrac{\pi}{4}$	$\dfrac{\pi}{3}$	$\dfrac{\pi}{2}$	$\dfrac{2\pi}{3}$	π	$\dfrac{3\pi}{2}$	2π

また，1 ラジアンは，長さ 1 の弧に対する中心角の大きさであり

$$1\,\text{ラジアン} = \frac{180°}{\pi} \fallingdotseq 57.3°$$

となる．

なお，弧度法による表示では，単位のラジアン（rad）を省略することが多い．

1.2　整式

◆ **算数と数学**　本書は"数学"の本である．"数学"と似た言葉に"算数"がある．小学校で習うのは"算数"であるが，中学校からはその呼び名が"数学"に変わる．

この両者を厳密に区別することは簡単ではないが，計算に数字以外の"文字"を使うかどうか，後述する**方程式**を使えるかどうかが区別の基本と考えてよいだろう．

つまり，"数に関する問題"を解こうとする場合，算数では図および数の**四則計算**（加・減・乗・除）だけしか道具として利用できないのに対し，数学では文字を使って題意を表現し，物事を一般化して解くのである．数学の真髄は何といっても，"物事を一般化して解く"ということであり，"物事を一般化"するために，特定の具体的な数の代わりに，文字を使った**文字式**で物事を一般化して表現するわけである．文字は，式の変形においてもつねに追跡可能であるから，式の構造を理解するうえでも，便利なものである．

◆ **文字式**　数を文字で表した式が文字通り**文字式**である．
$2x, 4x^2, -5x^3$ のように，数と文字 x（文字は何でもよいのであるが，一般的には x, y, z が多く使われる）を掛け合わせた式を**単項式**と呼ぶ．そして，数の部分を**係数**と呼ぶ．$x = 1$ としたものは $2, 4, -5$ のように数だけになるが，これらも単項式の一種である．

また，$5x^3 + 4x^2 + 2x + 3$ のように，単項式の和として表される式を**多項式**といい，多項式を構成する 1 つ 1 つの単項式を，その多項式の**項**と呼ぶ．上に示した多項式の中の「3」のように，たんなる数も項の 1 つとして数えられる．

単項式と多項式を合わせて**整式**という．

◆ **整式の次数** 例えば，$5x^3$ は $5 \times x \times x \times x$ という意味で x を 3 個掛け合わせている．掛け合わせている x の個数を，その単項式の**次数**という．$2x$ は x についての 1 次の単項式，$4x^2$ は 2 次，$5x^3$ は 3 次の単項式である．

整式では，各項の次数の最大のものを，その整式の次数と呼ぶ．例えば，$5x^3 + 4x^2 + 2x + 3$ は，4 つの単項式からなる x の 3 次式である．一般に，最大次数が n の整式を **n 次式**という．

また，例えば
$$ax^2 + bx + c \quad (a \neq 0)$$
は，x についての 2 次式の一般形であるが，文字 x は一般化した数として考え，x 以外の文字 a, b, c は具体的な数と同じように考えている．

◆ **整式の整理** 例えば $5x^2 - 3x + 2x^2 + x - 6$ のような多項式において，$5x^2$ と $2x^2$，$-3x$ と x のように，文字の部分が同じ次数である項を**同類項**という．同類項は

$$5x^2 + 2x^2 = (5+2)x^2 = 7x^2$$

$$-3x + x = (-3+1)x = -2x$$

のように 1 つにまとめることができる．

整式は一般に次のように整理して表すことになっている．

① 同類項をまとめる

② 次数の順（通常は高次数からの降順）に並べる

例えば，$8x^3 - 4x + 2x^3 + 6x^2 + 7x - 5x^2 + 13$ は

$$(8+2)x^3 + (6-5)x^2 + (-4+7)x + 13 = 10x^3 + x^2 + 3x + 13$$

また，$ax^3 - bx^2 + cx^3 + dx^2 + ax - bx + d$ は

$$(a+c)x^3 + (d-b)x^2 + (a-b)x + d$$

と整理される．

◆ **整式の計算** 整式の計算は，同類項をまとめることによって行われる．

整式の和・差は同類項ごとに係数の和・差を計算すればよいし，整式の定数倍は各項の係数を定数倍すればよい．例えば

$$A = 5x^3 + 3x^2 - 4x + 9$$
$$B = 2x^3 + 7x^2 + 3x - 6$$

のとき

$$\begin{aligned}
A + B &= (5x^3 + 3x^2 - 4x + 9) + (2x^3 + 7x^2 + 3x - 6) \\
&= (5+2)x^3 + (3+7)x^2 + (-4+3)x + (9-6) \\
&= 7x^3 + 10x^2 - x + 3 \\
A - B &= (5x^3 + 3x^2 - 4x + 9) - (2x^3 + 7x^2 + 3x - 6) \\
&= (5-2)x^3 + (3-7)x^2 + (-4-3)x + \{9-(-6)\} \\
&= 3x^3 - 4x^2 - 7x + 15 \\
5A &= 5(5x^3 + 3x^2 - 4x + 9) \\
&= (5 \times 5)x^3 + (5 \times 3)x^2 - (5 \times 4)x + 5 \times 9 \\
&= 25x^3 + 15x^2 - 20x + 45
\end{aligned}$$

となる．

整式の積は以下の**分配法則**を用いて計算する（複号同順）．

$$A(B \pm C) = AB \pm AC \tag{1.54}$$

$$(A \pm B)C = AC \pm BC \tag{1.55}$$

このように，分配法則を用いて，単項式の和の形に表すことを**展開する**という．

【問題 1.4】 次の整式を展開せよ．
（1） $(3x+2)(4x^2+5x-1)$ （2） $(x^2-2x+3)(3x^2+x-2)$

次の**乗法公式**を覚えておくと便利である．各自，分配法則を用いて展開し，これらの公式が成り立つことを確認していただきたい．

乗法公式（I）
① $(a+b)^2 = a^2 + 2ab + b^2$
　　$(a-b)^2 = a^2 - 2ab + b^2$
② $(a+b)(a-b) = a^2 - b^2$
③ $(x+a)(x+b) = x^2 + (a+b)x + ab$
④ $(ax+b)(cx+d) = acx^2 + (ad+bc)x + bd$

【問題 1.5】 次の整式を展開せよ．
（1） $(a+b+c)^2$ （2） $(a+b-c)(a-b+c)$

次数や文字の種類が増えても，根気よく乗法公式（I）を用いれば展開は容易である．次に3次式の乗法公式を掲げるので，各自，乗法公式（I）と分配法則を用いて展開し，これらの公式が成り立つことを確認していただきたい．

┌─ **乗法公式 (Ⅱ)** ─────────────────────────┐
⑤ $(a+b)^3 = a^3 + 3a^2b + 3ab^2 + b^3$
　　$(a-b)^3 = a^3 - 3a^2b + 3ab^2 - b^3$
⑥ $(a+b)(a^2 - ab + b^2) = a^3 + b^3$
　　$(a-b)(a^2 + ab + b^2) = a^3 - b^3$
└─────────────────────────────────┘

より一般的な，$(a+b)^n$ の展開式は，「二項定理」として必ず微分積分の教科書で公式として説明がなされている．

┌─────────────────────────────────┐
【問題 1.6】　次の整式を展開せよ．
　(1)　$(x-1)(x-2)(x+1)(x+2)$　　(2)　$(x+1)(x+2)(x+3)(x+4)$
└─────────────────────────────────┘

◆ **因数分解**　前項の乗法公式は，例えば

$$(a+b)^2 \longrightarrow a^2 + 2ab + b^2$$

$$(x+a)(x+b) \longrightarrow x^2 + (a+b)x + ab$$

のように，整式を「単項式の和の形」に展開するものであったが，逆に

$$a^2 + 2ab + b^2 \longrightarrow (a+b)^2 = (a+b)(a+b)$$

$$x^2 + (a+b)x + ab \longrightarrow (x+a)(x+b)$$

のように，整式 P を 2 つ以上の整式（項） $A, B, \ldots$ の積に表すことを**因数分解**するといい，各整式（項）$A, B, \ldots$ を，それぞれ整式 P の**因数**という．

因数分解の基本は，整式の各項に共通な因数があるとき，例えば

$$AB + AC = A(B+C) \tag{1.56}$$

$$AC + BC = (A+B)C \tag{1.57}$$

のように，その共通因数でくくることである．これは，式 (1.54), (1.55) に示した分配法則と逆である．

上述のように，因数分解は展開の逆なので，因数分解の公式は，乗法公式の逆の形になる．実際の計算では，展開することと因数分解することの両方が利用される．

因数分解の公式

① $a^2 + 2ab + b^2 = (a+b)^2$
$a^2 - 2ab + b^2 = (a-b)^2$

② $a^2 - b^2 = (a+b)(a-b)$

③ $x^2 + (a+b)x + ab = (x+a)(x+b)$

④ $acx^2 + (ad+bc)x + bd = (ax+b)(cx+d)$

⑤ $a^3 + b^3 = (a+b)(a^2 - ab + b^2)$
$a^3 - b^3 = (a-b)(a^2 + ab + b^2)$

【問題 1.7】 次の整式を因数分解せよ．

(1) $yx^3 + 2x^2 + yx^2 + 2x$ (2) $x(y-2) + (2-y)$

(3) $4x^2 + 20x + 25$ (4) $9x^2 + 6xy + y^2$

(5) $a^2 - 2a - 63$ (6) $a^2b^2 + 10ab + 24$

1.3 方程式と不等式

◆ **天秤と方程式の原理** 前節の冒頭に述べたように，算数と数学の違いは，文字式や方程式を使えるかどうかにある．この「方程式」というのは「未知数を含み，その未知数に特定の数値を与えたときにだけ成立する等式」のことで，等式が成立する特定の数値を実数の範囲で求めることが目的となる．この"未知数"が大きな役割を果たすのであるが，それについては後述する．

ところで,「方程式」の「式」はよいとしても,「方程」とは何なのか.

実は,「方程」とは,現在の中国にあった魏の時代 (3 世紀) の文献中に「数量を並べて比べる」という意味で使われている.また,天秤を使って物の重さを測る専門家を「方程師」と呼んでいた.

天秤は,図 1.10 に示すように,中央を支点とする梃子を用いて重さを測定する機械で,一方に重さを測ろうとする物,他方に分銅 (重さがわかっている) をのせて水平にして物の重さを知る仕組みである.つまり,梃子の一端に置いた物ともう一端に置いた分銅がちょうど釣り合って,梃子が水平になるときの分銅の重さが一端に置いた物の重さになるわけである.方程式の考え方は,まさに,この天秤の原理を巧みに使うものであり,方程式を「天秤式」と呼んでもよさそうなものである.

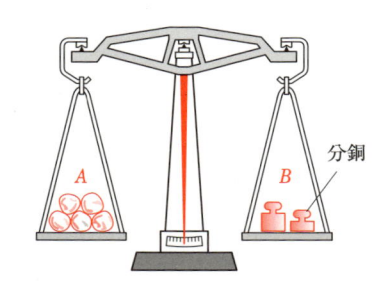

図 1.10　天秤

いま,図 1.10 のように

$$A = B$$

が等式として成り立っているとすれば

$$A + C = B + C \tag{1.58}$$

$$A - C = B - C \tag{1.59}$$

$$CA = CB \tag{1.60}$$

$$\frac{A}{C} = \frac{B}{C} \quad (C \neq 0) \tag{1.61}$$

という等式も成り立つ.これらの意味は,「同じもの ($A = B$) に同じもの (C) を加えても」「同じものから同じものを引いても」「同じものに同じものを掛けても」「同じものを同じもので割っても」等しい,という**等式の原理**である.

1.3 方程式と不等式

◆ **未知数**　方程式には**未知数**が含まれる．未知数は「どんな数だかわからないが，とりあえず "x" ということにしておこう」ということで方程式の中に組み入れられて等式が作られる場合の "未知の数" である．

例えば「ある数を 4 倍して，8 を足したら 28 になった．この "ある数（未知数）" を求めよ」という問題があるとする．この "ある数" はどんな数だかわからないが，とりあえず x ということにすれば，上記の文章から

$$4x + 8 = 28 \tag{1.62}$$

という等式が成り立つ．ここで "等式の原理" を使い

$$4x + 8 - 8 = 28 - 8$$
$$4x = 20$$
$$\frac{4x}{4} = \frac{20}{4}$$
$$x = 5$$

となり，"ある数"（未知数）は 5 であることがわかる．

このように，方程式を満たす x の値を，その方程式の**解**といい，方程式の解を求めること，つまり，未知数を求めることを**方程式を解く**という．

上の例は，未知数が x の 1 つだけなので，このような方程式を **1 元方程式**と呼ぶ．また，例えば，$y - 3x = 0$ のように未知数が 2 つ含まれる方程式を **2 元方程式**と呼ぶ．同様に，未知数が n 個含まれる方程式を **n 元方程式**と呼ぶ．

◆ **1 次方程式と 2 次方程式，高次方程式**　式 (1.62) の方程式は，x についての 1 次式なので，**1 次方程式**と呼ばれる．また，未知数は x の 1 つだけなので **1 元 1 次方程式**である．

これに対し，a, b, c が定数で，$a \neq 0$ のとき

$$ax^2 + bx + c = 0 \tag{1.63}$$

の形で表される方程式を，x についての **2 次方程式** という．$a = 0$, $b \neq 0$ ならば，1 次方程式である．また，式 (1.63) は，未知数が x の 1 つだけなので **1 元 2 次方程式** である[注6]．また，例えば，最高次数が x^3, x^4 の方程式はそれぞれ 3 次方程式，4 次方程式と呼ばれるが，一般に，3 次以上の方程式は **高次方程式** と呼ばれることもある．

以下，初等数学において最も基本的，そして重要と思われる 2 次方程式について詳しく調べてみよう．

一般に，2 次方程式 $ax^2 + bx + c = 0$[注7] は，左辺が因数分解できる場合，つまり

$$ax^2 + bx + c = (px + q)(rx + s) = 0 \quad (p, r \neq 0) \qquad (1.64)$$

という形に表される場合，2 次方程式は 2 つの 1 次方程式

$$px + q = 0 \quad \text{および} \quad rx + s = 0$$

をそれぞれ解くことによって未知数 x を求めることができる．

例えば，

$$x^2 - x - 12 = 0$$

は，

$$x^2 - x - 12 = (x + 3)(x - 4) = 0$$

と因数分解できるので，

$$x + 3 = 0 \longrightarrow x = -3 \quad \text{または} \quad x - 4 = 0 \longrightarrow x = 4$$

となり，$x = -3, 4$ の 2 個の解が得られる．

[注6] 具体的に方程式を示している場合などでは，「○元△次」を省いて，たんに「方程式」と呼ぶことが多い．

[注7] 式の前で「2 次方程式」とことわったことで，「$a \neq 0$」であることが仮定されている．

> **【問題 1.8】** 次の 2 次方程式を解け.
> （1） $x^2 - 8x + 16 = 0$ （2） $4x^2 + 20x + 25 = 0$
> （3） $x^2 + 6x + 8 = 0$ （4） $4x = x^2$

次に，$k > 0$ のとき，

$$x^2 = k \tag{1.65}$$

の解について考えてみよう．この式を変形すると

$$x^2 - k = 0$$

となるので，因数分解の公式②を使い，

$$x^2 - k = (x + \sqrt{k})(x - \sqrt{k})$$

となり，式 (1.65) の方程式の解は

$$x = -\sqrt{k} \quad \text{または} \quad x = \sqrt{k} \tag{1.66}$$

となる．式 (1.66) をまとめて $x = \pm\sqrt{k}$ と書けば，一般に

$$k > 0 \text{ のとき，} x^2 = k \text{ の解は } x = \pm\sqrt{k}$$

といえる[注8]．なお，$k = 0$ であれば $x = 0$，$k < 0$ であれば解はない．

このことを適用すると，2 次方程式 $x^2 + px + q = 0$ の左辺が容易に因数分解できない場合，

$$(x + m)^2 = k \tag{1.67}$$

の形に変形すれば，解は求めやすくなる．

[注8] $x^2 = k$ の x は，「k の平方根」であることを 9 ページで説明したが，ここでは，「因数分解を利用した方程式の解法」の立場で扱っている．

【方程式の計算操作における注意】 方程式は「等式」の形で与えられている．したがって，左辺・右辺に同じものを加えたり掛けたりしても等式の関係になんら変わりはない．ただし，掛けたり割ったりするときには，0 にならない数であることが必要である．もし，その数が文字 a で与えられているとき，事前に $a \neq 0$ が保証されていなければ，「ただし $a \neq 0$」という条件を付け加える必要がある．理由は，両辺に 0 を掛けると $0 = 0$ となってしまい，方程式のもっていた性質が失われてしまうし，0 で割ることは数学における禁止事項である．

等式において左辺と右辺が一見違う形で表されていても両者は同じものである．これが「等式」である．したがって，等式の場合，「両辺に同じものを掛ける」ということは「両辺を 2 乗する」ということも含んでいる．このとき，式が方程式の場合，未知数の次数が 2 倍になる．例えば，1 次方程式ならば 2 次方程式になってしまうのである．

2 次方程式ならば「解の公式」を用いることで（実数解が存在しないという結論も含めて），必ず解を求めることができるが，次数の高い方程式を解くことは一般に困難である．したがって，方程式を解く場合，未知数の次数を上げるような操作は通常行わない．逆に，因数分解された方程式 $(\bigcirc)(\triangle) = 0$ の解法では，もとの方程式よりも未知数の次数を下げた 2 つの方程式 $\bigcirc = 0$ と $\triangle = 0$ へ変形しているのである．

例外として，$\sqrt{}$ 中が未知数を含む式になっている場合には，記号 $\sqrt{}$ を取り除いて，$\sqrt{}$ 内の未知数と定数を分離して計算が進められるようにするため，両辺を 2 乗することがある（$\sqrt[3]{}$ ならば両辺を 3 乗する）．例えば，両辺を 2 乗するとき，「正の数 a の平方根は 2 つあり，$\sqrt{a}$ と $-\sqrt{a}$ である」ことを学んでいる．このことは，両辺を 2 乗すると「$= \sqrt{}$」と「$= -\sqrt{}$」の 2 つの（方程）式が混ざってしまうことを意味している．すなわち，「2 つの方程式の解を求める」ことになってしまうのである．したがって，得られた解が本来の方程式のものであるかどうか確かめることが必要になる（得られた解を，本来の方程式に代入して，本当の解か否かを確かめればよい）．

$x^2 + px + q = 0$ を $(x+m)^2 = k$ の形に変形するには，まず，q を右辺に移項し，因数分解の公式①の $a^2 \pm 2ab + b^2 = (a \pm b)^2$ を思い浮かべ，x の係数 p の半分の 2 乗 $\left(\dfrac{p}{2}\right)^2$ を両辺に加えればよい．つまり

$$x^2 + px + q = 0$$

$$x^2 + px = -q$$

$$x^2 + px + \left(\frac{p}{2}\right)^2 = -q + \left(\frac{p}{2}\right)^2$$

$$\left(x + \frac{p}{2}\right)^2 = -q + \left(\frac{p}{2}\right)^2$$

$$x + \frac{p}{2} = \pm\sqrt{-q + \left(\frac{p}{2}\right)^2}$$

$$\therefore \quad x = -\frac{p}{2} \pm \sqrt{-q + \left(\frac{p}{2}\right)^2} \tag{1.68}$$

となる．以上の検討から，2 次方程式 $ax^2 + bx + c = 0$ の一般解は，

$$x = \frac{-b \pm \sqrt{b^2 - 4ac}}{2a} \qquad \text{(2 次方程式の解の公式)} \tag{1.69}$$

となる．これは，式 (1.68) で，p を $\dfrac{b}{a}$，q を $\dfrac{c}{a}$ とおいたものに一致している．

なお，$D = b^2 - 4ac$ とおけば，$D > 0$ の場合は解が **2 つ**あり，$D < 0$ の場合は**実数解がない**．また，$D = 0$ であれば，解は $x = -\dfrac{b}{2a}$ の **1 つ**にまとまる（このような解を**重解**という）．D の符号によって解の存在と個数がわかるため，D を 2 次方程式の**判別式**という．

【問題 1.9】 次の 2 次方程式を解け．
（1） $4x^2 = 7$ 　　（2） $x^2 + 8x + 4 = 0$ 　　（3） $x^2 - 4x - 2 = 0$

【問題 1.10】 全長 12 m のロープで面積 8 m^2 の長方形を作るには，長方形の各辺を何 m にすればよいか．

◆**連立方程式** 次に，未知数が2つある**2元方程式**について考えてみよう．

一般に，一方の未知数を x とおけば，他方の未知数は y とおかれる．例えば，

$$x + y = 20 \tag{1.70}$$

$$3x + 6y = 48 \tag{1.71}$$

のような方程式が**2元1次方程式**である．

これらの2式が同時に成り立つ場合を考えるとき，これらを**連立方程式**と呼ぶ．

これから，この連立方程式を解くのであるが，「未知数が2つある場合は2つの異なった方程式がないと未知数を決定できない」という重要な原則がある．連立方程式は式 (1.58)〜(1.61) の原則を使って解くことができる．なお，2つの方程式の一方が他方の定数倍になっているとき，2つの方程式は"同じ方程式"である．例えば，$2x + 3y = 5$ と $4x - 10 = -6y$ つまり $4x + 6y = 10$ は同じ方程式である．

上記の (1.70), (1.71) の連立方程式を解いてみよう．方程式の解き方は1つに限られるものではなく，いく通りも考えられるが，以下に示すのは一例である．

式 (1.70) の両辺を3倍すると

$$3x + 3y = 60 \tag{1.72}$$

となり，式 (1.72) から (1.71) を引くと

$$\begin{array}{r} (3x + 3y = 60) \\ -(3x + 6y = 48) \\ \hline -3y = 12 \end{array} \qquad \therefore \quad y = -4$$

1.3 方程式と不等式

$y = -4$ を式 (1.70) に代入すると

$$x - 4 = 20 \qquad \therefore \quad x = 24$$

のように，未知数 x, y が簡単に求められる．

連立方程式も問題 1.10 のような「応用問題」を解く場合に強力な道具となる．次の問題で，「算数」にくらべ「方程式」の威力を実感していただきたい．

> **【問題 1.11】** シュークリーム 5 個とショートケーキ 8 個を買うと代金は 2200 円である．また，シュークリーム 8 個とショートケーキ 5 個を買うと代金は 1960 円である．シュークリーム，ショートケーキそれぞれ 1 個の値段はいくらか．

> **【未知数の個数と方程式の個数】** 連立方程式の項では，未知数の個数が 2 つの場合を例とした．このとき，未知数を定める方程式の個数も 2 つ与えられており，未知数はきちんと定まっている．下線で示した 2 箇所の「2 つ」が一致していることは偶然ではなく，連立方程式において，未知数をきちんと定めるためには，「未知数の個数と方程式の個数が一致している」ことが必要である．未知数の個数に対して，方程式の個数が多くても少なくてもだめなのである．このことの詳しい議論は，「微分積分」と同様に，大学 1 年で学ぶ「線形代数」の講義で扱われる．

◆ **不等式** いままで述べてきた方程式は左右の両辺を「＝(**等号**)」で結んだ**等式**であった．これに対し，両辺の大小関係を**不等号**（$>$ あるいは $<$）で表すのが**不等式**である．

まず，不等号の意味を実数 a, b で復習しておこう．

$$a > b : a \text{ は } b \text{ より大}$$
$$a < b : a \text{ は } b \text{ より小}$$

不等号と等号との併記も可能である．

$$a \geqq b : a は b に等しいか，b より大$$
$$a \leqq b : a は b に等しいか，b より小$$

実数の大小関係について，次の基本性質がある．34 ページに記した等式の性質 (1.58)〜(1.61) と比較していただきたい．

不等式の基本性質

① $a < b, \ b < c$ ならば，$a < c$

② $a < b$ ならば，$a + c < b + c, \ a - c < b - c$

③ $a < b, \ m > 0$ ならば，$ma < mb, \ \dfrac{a}{m} < \dfrac{b}{m}$

$a < b, \ m < 0$ ならば，$ma > mb, \ \dfrac{a}{m} > \dfrac{b}{m}$

---

③の 2 番目の関係式において「不等号の逆転」が起きていることに注意してほしい．

【不等式の読み方】　数 a, b に関する不等式「$a > b$」の場合には，「a は b よりも大きい（あるいは，b は a よりも小さい）」のように，主語にあたるものを a, b のどちらにとってもよい．しかし，未知数 x に対する不等式の場合には，主語にあたるものは x に限定されていると考えた方がよい．例えば，「$x > 0, \ x > b$」の場合には，「x は 0 よりも大きい数をとる，x は b よりも大きい数をとる」と読み，「0 は未知数 x よりも小さい，b は未知数 x よりも小さい」とは通常読まないのである．これは，未知数 x の等式「$x = 0$」を「未知数 x は 0 である」と読むが，「0 は未知数 x である」と通常読まないことと同じである．

1.3 方程式と不等式

未知数 x に関する 2 つの数量の大小関係を不等号を用いて

$$x > 5$$

$$5x + 2 > 10$$

のように表したのが，**x についての不等式**である．2 つの式が連立されているならば，2 つの式を同時に満たす x の値（範囲）を求めることが目的となる．

基本的に，不等式は方程式の等号が不等号に変わっただけで，方程式と同じように**解く**ことができる．また，方程式と同じように，1 次不等式，2 次不等式，連立不等式などがある．

例えば，1 次不等式

$$2x + 6 \leqq 7 + 4(x - 3)$$

を解いてみよう．

【不等式の計算操作における注意】 不等式の場合にも，「方程式」のときの注意事項はそのまま必要となるが，このほかに，「不等式の両辺を，負の符号をもつもので掛けたり割ったりすると，数の大小関係が逆転してしまい，不等号の向きを逆にしなければならない」ことが起きる（【数の大小関係】（3 ページ）を参照）．この注意を怠ると，答えはまったく異なるものになってしまう．

また，方程式のときと同様に，因数分解された不等式 $(\bigcirc)(\triangle) > 0$（あるいは < 0）は，未知数の次数が下がった 2 つの不等式に分けられるが，このときにも，「符号」についての注意が必要となる．それは，> 0 のときには「正・正 > 0，負・負 > 0」の場合があり，< 0 のときには「正・負 < 0，負・正 < 0」の場合があることである．このため，次のページの例で示すような「場合分け」が必要になる．この点において，不等式は方程式よりもその扱いは面倒になる．

式を整理し，x を含む項を左辺に，定数項を右辺に移項する．

$$2x + 6 \leqq 7 + 4x - 12$$

$$2x - 4x \leqq 7 - 12 - 6$$

$$-2x \leqq -11 \qquad \therefore \quad x \geqq \frac{11}{2}$$

同様に，2 次不等式

$$x^2 - x - 12 > 0$$

を解いてみよう．

$$x^2 - x - 12 = (x+3)(x-4) > 0$$

この不等式が成り立つのは，

(ⅰ)　　　$x + 3 > 0, \quad x - 4 > 0$　（が同時に成り立つ）

あるいは

(ⅱ)　　　$x + 3 < 0, \quad x - 4 < 0$　（が同時に成り立つ）

のいずれか一方が成り立つ場合であり，(ⅰ) から $x > 4$，(ⅱ) から $x < -3$ が求められる．したがって，解は $x < -3, \, x > 4$ である．

また，不等式

$$x^2 - x - 12 < 0$$

の場合は

$$x^2 - x - 12 = (x+3)(x-4) < 0$$

となり，この不等式が成り立つのは

(ⅰ)　　　$x + 3 > 0 \, (x > -3), \quad x - 4 < 0 \, (x < 4)$

あるいは

(ii) $\qquad x+3<0\ (x<-3),\quad x-4>0\ (x>4)$

のいずれかの場合であり，(i) から $-3<x<4$ が求まるが，(ii) の 2 式を同時に満たす x の値はない．したがって，

$$-3<x<4$$

が解として求められる．

実は，われわれはすでに 36 ページで

$$x^2-x-12=0$$

という 2 次方程式を解いていた．

【問題 1.12】 次の不等式を解け．
(1) $6x+5>4x+3$　　(2) $4(2x+3)\geqq 7x-5$
(3) $\dfrac{x+2}{3}\leqq 4x-1$

【問題 1.13】 2 次方程式

$$3x^2+2x+k-4=0$$

が実数解をもつように定数 k の値の範囲を定めよ．

【問題 1.14】 連立不等式

$$\begin{cases} x+4<2x+6 \\ 5x-9\leqq\ x+7 \end{cases}$$

を解け．

◆ **絶対値と方程式，不等式** 絶対値（記号 | |）については，すでに 11 ページで説明した．ここで，もう一度復習しておこう．

$$a \geqq 0 \quad \text{のとき} \quad |a| = a \qquad (1.8)_\text{再}$$

$$a < 0 \quad \text{のとき} \quad |a| = -a \qquad (1.9)_\text{再}$$

および

$$|a| \geqq 0 \qquad (1.10)_\text{再}$$

$$|a| = |-a| \qquad (1.11)_\text{再}$$

次に，この絶対値記号を含んだ方程式や不等式を考えよう．上記の式 (1.8)～(1.11) から

$$|x| = a \quad \text{の解は，} \quad x = \pm a \qquad (1.73)$$

$$|x| < a \quad \text{の解は，} \quad -a < x < a \qquad (1.74)$$

$$|x| > a \quad \text{の解は，} \quad x < -a, \ x > a \qquad (1.75)$$

がいえる．

したがって，例えば，方程式 $|x - 5| = 10$ の解は

$$x - 5 = \pm 10 \quad \text{より} \quad x = \pm 10 - 5 \quad \text{で} \quad x = 5, -15 \quad \text{となる．}$$

また，例えば，不等式 $|x - 5| < 10$ の解は

$$-10 < x - 5 < 10 \quad \text{より} \quad -5 < x < 15 \quad \text{となる．}$$

また，不等式 $|x - 5| > 10$ の解は

$$x - 5 < -10, \ x - 5 > 10 \quad \text{より} \quad x > 15, \ x < -5 \quad \text{となる．}$$

【問題 1.15】 次の方程式，不等式を解け．
（1） $|3x+2|=6$ 　　（2） $|4x-3|\leqq 5$ 　　（3） $|4x-3|>5$

【絶対値が含まれた式の取り扱い方】 絶対値記号をつけられていても「数」であることに変わりはない．しかし，式の変形や絶対値記号の外と内にある数の和や差などの計算を，絶対値記号を残したまま実行することはできないため，絶対値記号をはずすことが必要となる．

方程式が簡単なものであれば，本文の例で見たように，絶対値記号を複号 ± に替えて計算を実行することもできるが，通常は「絶対値記号内が正のときと負のときの 2 つの場合に分けて（= 絶対値記号をはずして）扱った方が計算を間違うことが少ない．

第2章

関数とグラフ

　とりとめのない平面や空間を「定量的」に扱い，図形を数値化することを可能にするのが「座標」である．本章では，まず，このような「座標」に慣れることから始める．

　座標は異なった2つの事象をすっきりと，「定量的」に関係づけてくれる「関数」へと発展する．さまざまな事象を説明するさまざまな関数に親しむことにより，数学への関心が拡がるに違いない．

　さらに，関数をグラフ化することにより，事象がより視覚的に，明確になることを知るだろう．

2.1 座標

普段，われわれは日常生活の中でまったく意識することがないと思うが，地図，番地や建物の位置など，考えればキリがないほど多くの場で，平面（そして空間も）の位置を規定する**座標**というものが使われている．

座標は，数学の世界では極めて重要な意味をもつものなのだが，実は，近代科学の最初の"大発明"と呼ぶべきものである．この"座標"の導入によって，宇宙を，そして自然界を数値化することが可能になった．平面のすべての点は2つの"**座標軸**"が与えられれば，空間のすべての点は3つの"座標軸"が与えられれば，はっきりと位置を定められるのである．さらに"**時間軸**"を加えることで，物体の運動さえも，はっきりと認識できるようになる．

本節では，「関数とグラフ」の基礎となる座標について，簡単に復習しておくことにする．

◆ **直交座標** 平面あるいは空間内の点の位置を正確に表すために，一定の方式で定められた2個あるいは3個の数の組，また，そのような個々の数を**座標**と呼ぶ．「一定の方式」をどのようなものにするかによって，同一の点に対してもさまざまな座標表示（これを**座標系**という）が考えられるが，最も基本的なのは図 2.1 に示すような**軸**が直交する**直交座標**である．

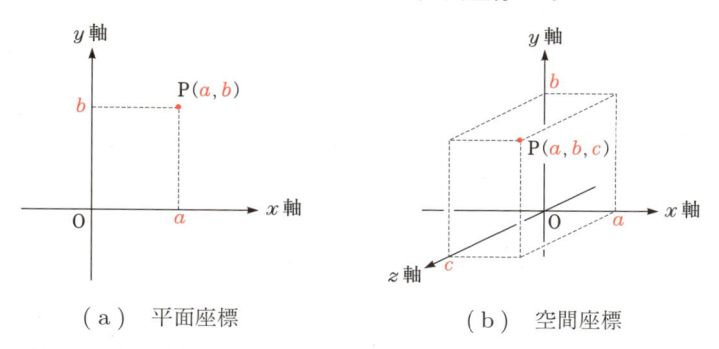

（a） 平面座標　　　　（b） 空間座標

図 2.1 直交座標．空間座標は，z 軸が上向きになるような位置で表されることが多い．

2.1 座標

図 2.1 に示される 2 つの軸はそれぞれ図 1.1 に示した数直線である.

一般的に，平面座標の場合，横方向の数直線を x 軸，縦方向の数直線を y 軸と呼ぶ．空間の場合は，これらの両軸に直交する第 3 の軸，z 軸が加わる．図 2.1（a）の平面座標で，点 P を数の組 (a, b) で表したとき，(a, b) を P の**座標**といい，a を P の $\boldsymbol{x}$ **座標**，b を $\boldsymbol{y}$ **座標**と呼ぶ．また，点 P の座標が (a, b) であることを示したい場合，P(a, b) と表す．2 軸が直交する点は**原点** (Origin) と呼び，O$(0, 0)$（あるいは，単に O）で表される．

図 2.1（a）のように，座標で表される平面を**座標平面**と呼ぶが，座標平面は，x 軸と y 軸によって，軸を除く 4 つの部分（**象限**と呼ばれる）に分けられるが，それぞれの部分は図 2.2 のように，第 1 象限，第 2 象限，第 3 象限，第 4 象限という名前がつけられている．点 P の x 座標，y 座標の"正・負"を見れば，その点がどの象限にあるか，すぐわかる．

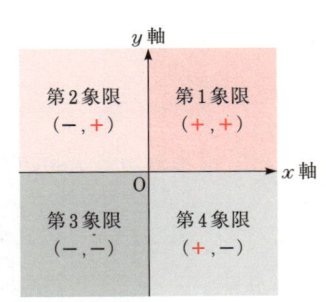

図 2.2 座標平面の象限

平面座標を 3 次元空間に拡げたのが，図 2.1（b）に示す**空間座標**である．

平面座標，空間座標の導入によって，それまではとりとめのなかった平面あるいは空間のすべての点が，正確に，定量的に扱えるようになった影響は大きい．座標は，数学や科学の分野のみならず，地図や航空管制や天気図など，われわれの日常生活に深く関係する広い分野で，知らないうちに使われているのである．

◆ **極座標** 座標は平面上（あるいは空間中）の点の位置を数量的に表すものなので，それは必ずしも直交座標である必要はない．場合によっては，点の位置を他の方式（座標系）で定めた方がよいこともある．それはちょうど，数を表すには 10 進法に限ったことではなく，ON/OFF の動作を基本としたコンピューターには 2 進法の方が適している，というようなものである．

極座標は図 2.3 のように，点の位置を一定点（原点 O）からの距離 r と，半直線 OP と基準とする直線（一般には x 軸）とのなす角度 θ によって表す方式である．この (r, θ) を点 P の**極座標**と呼ぶ．図 2.3 の点 P は第 1 象限の中に描かれているが，点 P がどの象限にあっても極座標で表すことができる．

極座標 (r, θ) は

$$x = r\cos\theta \tag{2.1}$$

$$y = r\sin\theta \tag{2.2}$$

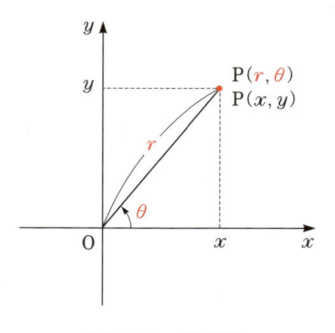

によって，図 2.1（a）の直交座標に変換できる．

図 2.3 極座標

最近は，コンパクトディスク（CD）の普及によって，ほとんど見かけなくなってしまったが，回転するレコード盤の端に置かれた小さな消しゴムのようなものを想像していただきたい．レコード盤は等しい速さで回転しているので，この消しゴムは等速円運動する点 P と考えることができる．この様子を描いたのが図 2.4 である．図の点 P の各時点における位置を表すのが極座標 (r, θ) である．

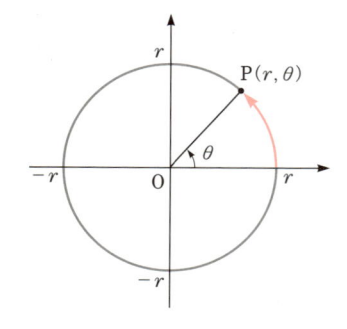

図 2.4 等速円運動する点 P の極座標

ここで，27 ページで述べた弧度法を用いれば，点 P が何回転しようとも 1 回転（2π）後には θ の動径と同じ位置にくるから，n を整数とするとき

$$x = r\cos(\theta + 2n\pi) = r\cos\theta \tag{2.3}$$

$$y = r\sin(\theta + 2n\pi) = r\sin\theta \tag{2.4}$$

の関係（n は回転の回数で，負の整数は逆回転と考える）が成り立つ．

円運動において，単位時間に回転する角度を**角速度**といい，一般に ω（オメガ）という記号で表す．いま，点 P の角速度を ω とすると，P が点 $(r, 0)$ を出発（あるいは通過）してから時間 t 後の回転角 θ は

$$\theta = \omega t \tag{2.5}$$

となる．したがって，円上の点 P の時間 t における極座標は，$(r, \omega t)$ で表すことができる（r は回転の半径で一定値である）．

【**極座標**】　多くの教科書における極座標に関する図は「xy 座標平面上に描かれた」ものである．この方が，実際の位置関係がそのまま見て取れるのでわかりやすい．しかし，極座標 (r, θ) を，「横軸に r，縦軸に θ」を選んだ直交座標で表すこともできる．この場合，円ならば「直線」のグラフで表されることになる（読者自身で確かめてみていただきたい）．このような座標系のグラフから xy 座標系における形を思い浮かべられる人は少ないと思う．

　一見扱いにくそうな極座標ではあるが，物理で学ぶ「平面上の回転運動」などの場合（x, y が時間 t の関数になる），極座標を用いると，t の関数となるものは θ のただ 1 つとなり，扱いやすくなるなどの利点があり，応用上も重要である．

　ただし，問題点がないわけではない．例えば，円運動の場合，1 回転するともとの位置に戻ってしまうため，(x, y) と (r, θ) が 1 対 1 に対応しないことや，$r = 0$ の場合に θ が定まらないなどの不都合が生じるために，r や θ がとれる範囲に制限が必要になることは予想できるであろう．数学的扱いが，すぐ後に述べる「関数」に根ざす以上，このような制限は避けて通れない．詳しくは，教科書を参照していただきたい．

◆ **図形の数値化**　平面，空間のすべての点を座標で表すという考えは**図形の数値化**をも可能にした．幾何学と代数学との融合をもたらしたのである．

例えば，図 2.5（a）に示す線分 PQ を考える．

両端の点 P, Q をそれぞれ (a, c)，(b, d) という座標で表すと，線分 PQ 間の**距離** d_{PQ} は**三平方の定理**により

$$d_{\mathrm{PQ}} = \sqrt{(a-c)^2 + (c-d)^2} \tag{2.6}$$

で表される．

また，図 2.5（b）のような直角三角形 PQR を考えると，その**面積** $S_{\triangle \mathrm{PQR}}$（△ は三角形を表す記号）は

$$S_{\triangle \mathrm{PQR}} = \frac{1}{2}(a-b)(c-d) \tag{2.7}$$

で与えられる．

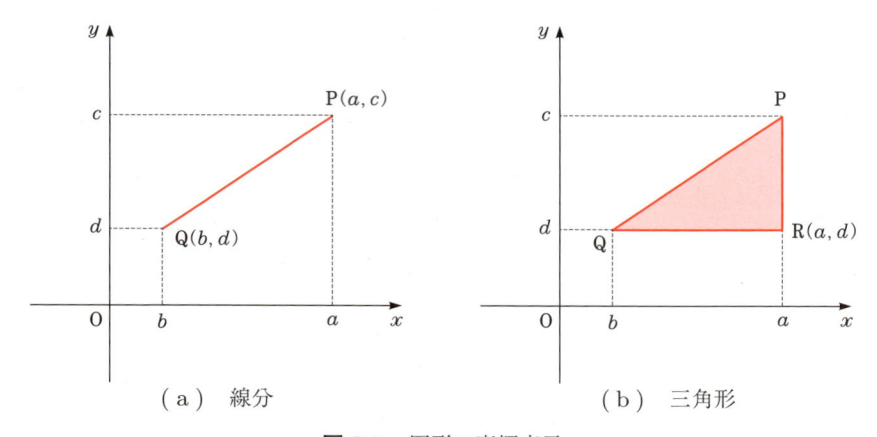

（a）線分　　　　　　（b）三角形

図 2.5　図形の座標表示

次に，円について考えてみよう．

いま，点 C を中心にして，半径 r の円をコンパスで描こうとすれば，図 2.6 のように，コンパスの針を点 C に立て，鉛筆の芯を点 C から距離 r のところにセットして，コンパスを 1 回転させる．つまり，円は**一定点**（中心 C）**から等距離**（半径 r）**にある点 P の軌跡**なのである．

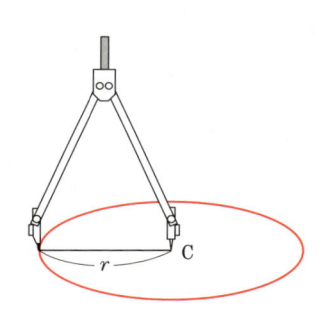

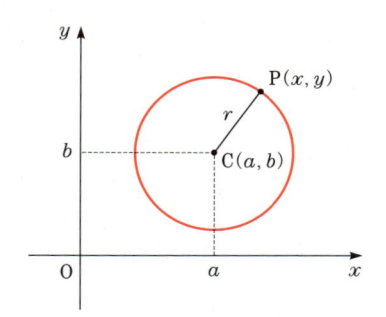

図 2.6 コンパスで描く円　　　**図 2.7** 円の座標表示

　図 2.7 のように，中心 C(a, b)，半径 r の円上にある点を P(x, y) とすれば，式 (2.6) より

$$\sqrt{(x-a)^2 + (y-b)^2} = r \tag{2.8}$$

であり，これを 2 乗して

$$(x-a)^2 + (y-b)^2 = r^2 \tag{2.9}$$

が得られる．この式 (2.9) が「点 C(a, b) を中心として半径 r の円」を表す方程式である．中心が原点 O であれば C(0, 0) となるので式 (2.9) は

$$x^2 + y^2 = r^2 \tag{2.10}$$

となる．

　つまり，座標を導入することにより，円という"図形"が一般的に式 (2.9) という数式（方程式）で表されたわけである．

　ここで，円の"親戚"である楕円についても考えてみよう．

　楕円は図 2.8 のように，円の縦横を一定比率で変形させた形である．一般的に座標平面で定義すると，図 2.9 のように「原点中心，半径 1 の円を x 軸方向に a 倍，y 軸方向に b 倍拡大して得られる曲線」ということになる．a, b は分数でもかまわない．a, b が 1 より小さい値であれば"拡大"が"縮小"になる．

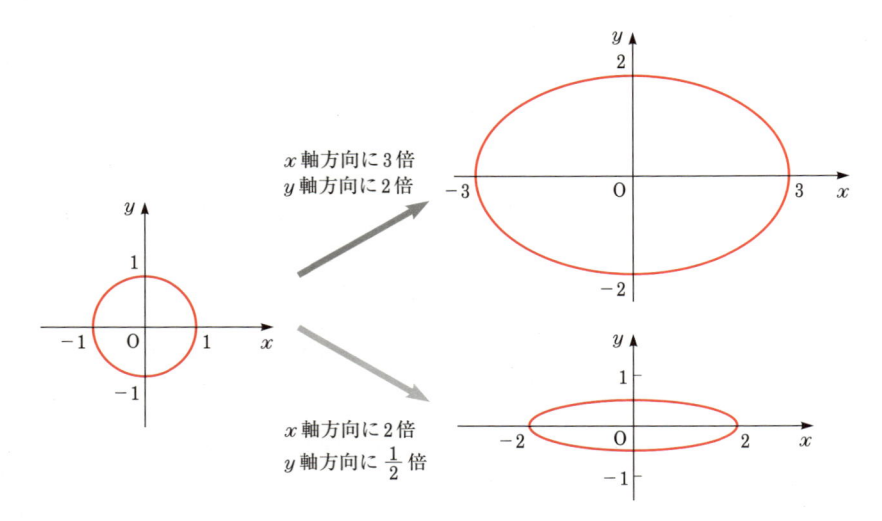

図 2.8 円の変形で得られる楕円

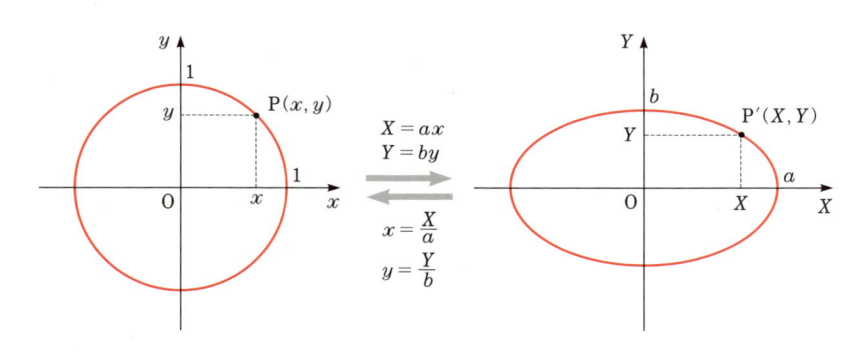

図 2.9 円と楕円

図 2.9 を見ながら一般的な楕円を表す数式（方程式）を求めてみよう．

円の x 座標，y 座標をそれぞれ a 倍，b 倍すれば楕円上の点になるのだから，楕円上の点 $P'(X, Y)$ は円上の点 $P\left(\dfrac{X}{a}, \dfrac{Y}{b}\right)$ に対応する．逆のいい方をすれば，円上の点 $P(x, y)$ は楕円上の点 $P'(ax, by)$ に対応する．つまり，式 (2.9) より，原点中心，半径 1 の円を表す方程式は

$$x^2 + y^2 = 1 \tag{2.11}$$

なので，式 (2.11) の x, y をそれぞれ $\dfrac{X}{a}, \dfrac{Y}{b}$ に置き換えれば，楕円上の点を表す組 (X, Y) が定める方程式

$$\left(\dfrac{X}{a}\right)^2 + \left(\dfrac{Y}{b}\right)^2 = 1$$

を得る．ここで X, Y を x, y に書き直せば

$$\dfrac{x^2}{a^2} + \dfrac{y^2}{b^2} = 1 \qquad (2.12)$$

という，x と y によって表される楕円の方程式が得られる．ここでは，円上の点と楕円上の点の違いをはっきりさせるために，x, y と X, Y を用いたが，一般的には，同じ x, y だけで議論される．

【問題 2.1】 式 (2.12) の楕円を，x 軸方向に p，y 軸方向に q だけ平行移動させたときの楕円を表す方程式を求めよ．

2.2 関数

◆**関数とは何か** 2つの変数 x と y が，ある関係 f を保ちながら変動し，一方の x を決めれば y もただ1つに決まる，というとき，「$y = f(x)$」のように書き表し，「y は x の**関数**である」あるいは「x と y は関数関係にある」という．$y = f(x)$ の関係において，x を**独立変数**，y を**従属変数**と呼ぶ．なお，"f" は "関数" を意味する英語 "function" の頭文字である．

例えば，「単振動する振り子の周期 T は，振り子の長さ L を重力の加速度 g で割ったものの平方根に，円周率 π の2倍を掛けたものに等しい」という物理法則があるが，ここに登場する T, L, g, π の関係がすんなり頭の中に描けるだろうか．決して簡単なことではないように思われる．しかし，上記の内容を関数の形で書き表せば話は簡単である．ここの g も π も定数であるから，周期 T を従属変数，振り子の長さ L を独立変数と考えれば

$$T = f(L) = 2\pi\sqrt{\dfrac{L}{g}} \qquad (2.13)$$

と書き表すことができる．具体的な L の数値を式 (2.13) に代入すれば，その場合の具体的な周期 T が求められることになる．

一般に，$y = f(x)$ において，変数 x の値が a のとき，それに対応する y の値を $f(a)$ で表す．これを，$x = a$ における関数 $f(x)$ の**値**（あたい）という．

【問題 2.2】 次の関数 $f(x)$ に対して，$f(-1)$, $f(3)$, $f(a-1)$, $f(a^2-1)$ を求めよ．

（1） $f(x) = 2x + 6$ （2） $f(x) = x^2 - 1$ （3） $f(x) = x^2 + 2x$

【関数】 関数の条件は，本文で述べたように，「独立変数 x に対して，従属変数 y が<u>ただ1つ</u>に定まること」である．このため，先に述べた円の方程式 $x^2 + y^2 = 1$ を変形（移項）して，$y^2 = -x^2 + 1$ あるいは $y = \pm\sqrt{1-x^2}$ と表してもこれを関数とは呼ばないのである．複号 $\pm$ を用いた表示は2つの関数を同時に表しているだけで，$\pm\sqrt{1-x^2}$ は1つの関数ではない．したがって，円を（まるごと）表す関数はない．もし，円を関数で表したかったら，$y = \sqrt{1-x^2}$ と $y = -\sqrt{1-x^2}$ の2つの関数を用意する必要がある．

本書の主題である「微分積分」の理論は，「関数」に対して構成されている．したがって，この「ただ1つ」の制約がつねにつきまとうことになる（「逆関数」や「定積分」の項を参照）．また，いろいろな x に対して，組 $(x, f(x))$ を座標平面にとれば，関数 $y = f(x)$ のグラフ（次のページ参照）が得られることはいうまでもない．円や楕円のグラフを見れば，上の下線の条件が満たされていないことがわかる．さらに，直線 $x = a$（a は定数）は x を独立変数とする関数になれないが，直線 $y = a$ は x を独立変数とする関数になれることが理解できるであろうか（91ページを参照）．

関数は1変数の場合だけではない．空間における曲面を表す関数は2変数の関数として与えられるなど，もっと一般的に，いくつもの独立変数に対するものも考えることができる．ただし，扱いはそれなりに面倒となってくる．

2.3 さまざまな関数のグラフ

グラフというのは「2つ以上のものの数量的関係や変形を，直線や曲線などで表した図形」のことである．一般的には，統計の内容を図示し，その大要が的確かつ容易に把握や理解ができるようにしたものである．それぞれの目的に応じて，さまざまな形状のグラフが使い分けられている．本項で述べるのは独立変数が1つの「関数のグラフ化」であり，そのグラフは直線か曲線で表される．

◆ **1次関数** 例えば，一般道路を走行する自動車は，図 2.10 のように，速くなったり，遅くなったり，止まったりしているのであるが，平均して速さ v の等速で走行しているとすると，時間 x の間に走行する距離 y は

$$y = vx \tag{2.14}$$

で与えられる．走行距離は走行時間に依存するので，走行時間 (x) が独立変数，走行距離 (y) が従属変数で，式 (2.14) は

$$y = f(x) = vx \tag{2.15}$$

と書き表され，この式には 1 次の x のみが変数として含まれるので（35 ページの「1 次方程式」の項を参照），「y は x の **1 次関数**である」という．

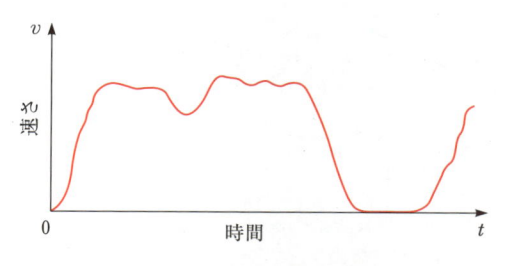

図 2.10 時間—速さのグラフ

例えば，時速 $50\,\mathrm{km}$ ($50\,\mathrm{km/h}$) と $100\,\mathrm{km}$ ($100\,\mathrm{km/h}$) で走行する車の x 時間 (h) の走行距離 $y\,\mathrm{km}$ は，それぞれ

$$y = 50x \tag{2.16}$$

$$y = 100x \tag{2.17}$$

となり，これらの式をグラフ化すると図 2.11 のようになる．これは，走行距離が走行時間に**比例**する直線的な**比例関係**を示しており，速さ v が**比例定数**である．

式 (2.16), (2.17) と図 2.11 を見比べれば，関数をグラフ化することによって，その内容が一目瞭然に理解できることが実感できるだろう．

1 次関数の一般形は

$$y = f(x) = ax + b \quad (a \neq 0) \tag{2.18}$$

で書き表される．例えば $a > 0$ の場合，式 (2.18) のグラフは，図 2.12 の①に示すように，y 軸上の点 $(0, b)$ を通り，**傾き**が $a \left(= \dfrac{a}{1} \right)$ の直線である．そこで，式 (2.18) は**直線の方程式**と呼ばれる．また，直線が y 軸を横切る点 $(0, b)$ を **y 切片**と呼ぶ．図 2.12 の②は式 (2.18) で $b = 0$ の場合である．

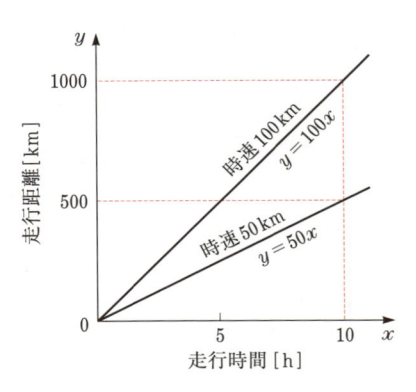

図 2.11 走行時間と走行距離との関係を表す 1 次関数のグラフ

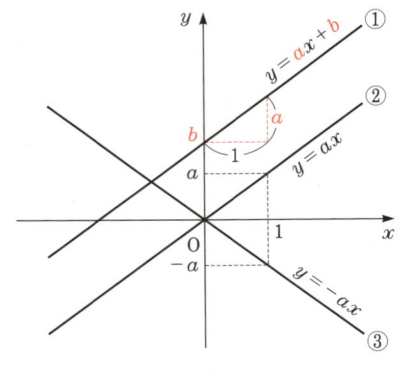

図 2.12 一般的な 1 次関数のグラフ

したがって，グラフ①はグラフ②を y 軸方向に b だけ平行移動したものといえる．傾きが $-a$ (< 0) のグラフ③は，グラフ②を $y = 0$ の軸（つまり x 軸）を中心に折り返した形（対称形）になる．グラフ①の傾きが $-a$ になった場合は，$y = b$ の軸を中心に折り返した対称形になる．

図 2.11 は，$b = 0$, $x \geqq 0$, $y \geqq 0$ で，$a = 100$ と $a = 50$ の場合のグラフである．

【問題 2.3】 次の関数のグラフを描け．
（1） $y = |x|$ 　　　　（2） $y = |x - 2|$

◆ **分数関数**　長方形（矩形）の面積 S は「横」×「縦」の積で求められる．横の長さを x，縦の長さを y とすれば

$$S = xy \tag{2.19}$$

である．面積 S が一定である関係を満たす矩形としては，例えば図 2.13 に示すような，さまざまな形のものがある．式 (2.19) は，*xy の積が一定（S）*なのだから「x が大きくなれば y は小さくなり，x が小さくなれば y は大きくなる」ことを意味している．式 (2.19) を変形すると

$$y = f(x) = \frac{S}{x} \tag{2.20}$$

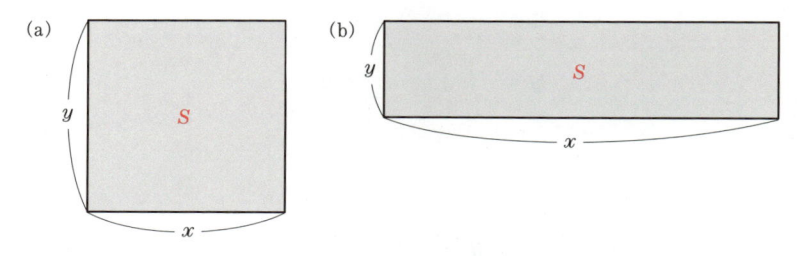

図 2.13　形が異なる同じ面積の矩形

が得られる．このような形の関数（S は定数）は一般に**分数関数**と呼ばれる．一般的な形の分数関数は，1 次関数と似た $\dfrac{1}{ax+b}$ で与えられる．この関数の中には，x の "1 乗" しか含まれないので "1 次関数の仲間" と呼んでもよいだろう．話を簡単にするために，式 (2.21) で $S = 1$ として

$$y = f(x) = \frac{1}{x} \qquad (2.21)$$

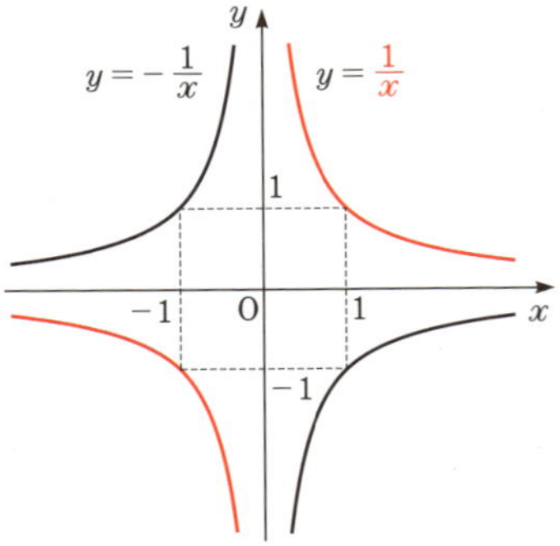

図 2.14 双曲線 $y = \dfrac{1}{x}$

のグラフを描くと，図 2.14 のようになる．一般に $y = \dfrac{a}{x}$ のグラフは，このように，2 つの曲線からなるので，**双曲線**と呼ばれる．a が負の数の場合は相似な形の双曲線が第 2 象限と第 4 象限にくる．

式 (2.20) のような関係式は，自然界のいろいろな現象や物理学のいろいろな場面に現れてくる．例えば，気体の圧力（P）と体積（V）との関係で

$$PV = C \qquad (2.22)$$

という**理想気体の状態方程式**と呼ばれる式（C は定数）がある．この場合 P も V も正の数（$P, V > 0$；これは物理現象に由来する条件である）だから，グラフは第 1 象限のみに存在する．

◆ **2 次関数** x の 2 乗（x^2 の項）を含む **2 次関数**の一般形は $a\,(\neq 0), b, c$ を定数として

$$y = f(x) = ax^2 + bx + c \qquad (2.23)$$

である．

最も単純な 2 次関数

$$y = f(x) = x^2 \qquad (2.24)$$

について考えてみよう．

2.3 さまざまな関数のグラフ

x に具体的な数値を入れてみれば明らかなように，一般に，どんな実数 x に対しても

$$y = f(x) = f(-x) = x^2 \tag{2.25}$$

が成り立つ．そこで，式 (2.24) のグラフは図 2.15 のようになる．

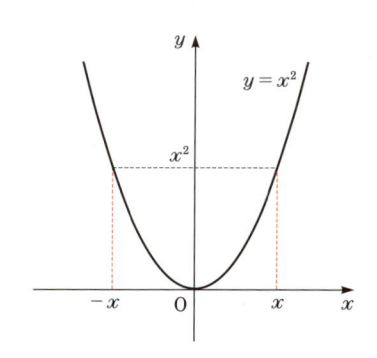

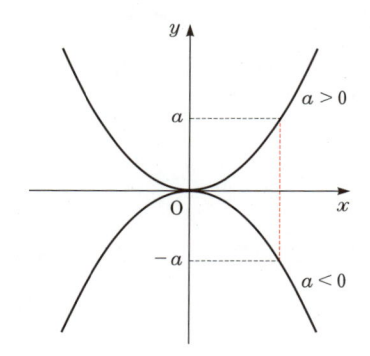

図 2.15　基本的な 2 次関数のグラフ

図 2.16　$y = ax^2\ (a \neq 0)$ のグラフ

【関数の表示】 双曲線を表す関数 $y = \dfrac{1}{x}$ が，$x = 0$ では定義されない（すなわち，双曲線を考える x の範囲から 0 を除く）ことは知っていると思う．しかし，関数を式で表すときには，「$x = 0$ が除かれるという条件（式で表せば，$x \neq 0$）」を入れていない．このように，関数を式で表す際に，関数を考えることができない範囲などの，関数がもつ固有の性質に基づく条件はいちいち示さないことになっている．例えば，分数関数であれば，分母を 0 にする x の値は考える x の範囲から自動的に除かれることになる．

2 次関数の項で「$a\ (\neq 0)$」が示されているが，単に「関数 $ax^2 + bx + c$ について」というならば，a は 0 になってもかまわないのであるが，「2 次関数」に限定する場合，a が 0 となっては困る（a が 0 であると 1 次関数となってしまう）ので，「$a\ (\neq 0)$」が必要であったのである（36 ページの脚注 7) も参照）．このような「使い分け」は，例題などによって慣れることができる．

式 (2.23) を一般的にした

$$y = f(x) = ax^2 \tag{2.26}$$

のグラフは，図 2.16 に示すように，$a > 0$ のとき，**下に凸**，$a < 0$ のとき，**上に凸**の形になる．また，$a < 0$ の場合のグラフの形を見ればわかりやすいが，2 次関数のグラフは**放物線**（物を遠くに向けて放り上げたときの物の軌跡になっている）と呼ばれる．放物線は限りなく伸びた曲線で，対称の軸（**放物線の軸**）をもっている．軸と放物線の交点を**放物線の頂点**という．また，図 2.16 から明らかなように，$y = ax^2$ と $y = -ax^2$ のグラフは，x 軸に関して対称になっている．

式 (2.26) で表される 2 次関数のグラフが図 2.16 で表されるとすれば

$$y = f(x) = ax^2 + b \tag{2.27}$$

のグラフは，$y = ax^2$ のグラフを y 軸方向に b だけ平行移動したものになることは容易に理解できるだろう．実際，式 (2.26) のグラフと式 (2.27) のグラフの関係は図 2.17 のようになる．つまり，$y = ax^2$ のグラフの頂点が $(0, 0)$ であるのに対し，$y = ax^2 + b$ のグラフの頂点は $(0, b)$ となる（b は，平行移動が y 軸の正方向のとき正の値，負方向のとき負の値にとる）．

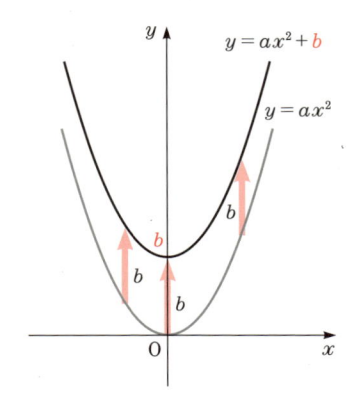

図 2.17　2 次関数のグラフの y 軸方向への平行移動

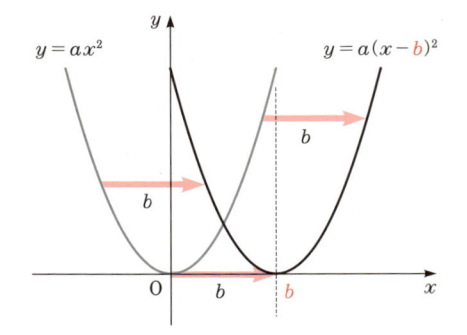

図 2.18　2 次関数のグラフの x 軸方向への平行移動

また，
$$y = f(x) = a(x-b)^2 \qquad (2.28)$$

のグラフは，図 2.18 に示すように，$y = ax^2$ のグラフを x 軸方向に b だけ平行移動すれば得られる（b は，平行移動が x 軸の正方向のとき正の値，負方向のとき負の値にとる）．このグラフの軸は $x = b$，頂点は $(b, 0)$ である．

以上の考察をもとに考えれば
$$y = a(x-b)^2 + c \qquad (2.29)$$

のグラフがどのようなものになるかは容易に理解できるだろう．

図 2.19 に示す操作①，② に従って $y = ax^2$ のグラフを平行移動すればよいのである．その結果を **2 次関数のグラフの一般形**として図 2.20 に示す．

平行移動の操作を y 軸方向（式は $y = ax^2 + c$）→ x 軸方向（式 (2.29)）の順に行っても同じ結果が得られる．

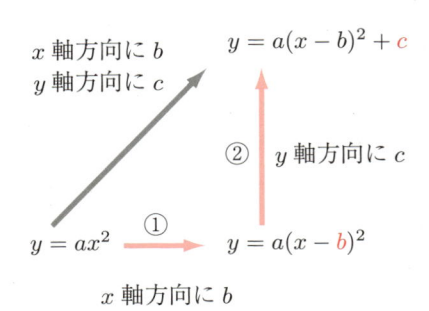

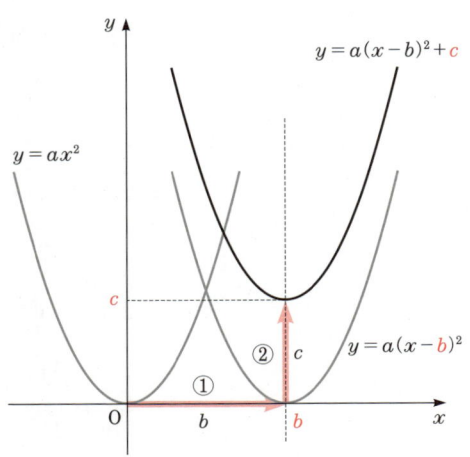

図 2.19 平行移動の操作　　**図 2.20** 2 次関数のグラフの一般形

【問題 2.4】　次の 2 次関数のグラフを描け．また，軸と頂点を示せ．
(1)　$y = (x+2)^2$ 　　　　　　(2)　$y = 2(x+2)^2$
(3)　$y = 2(x+2)^2 - 3$ 　　　(4)　$y = -2(x+2)^2 - 3$

さて，次に 2 次関数の一般形

$$y = f(x) = ax^2 + bx + c \qquad (2.23)_{再}$$

のグラフを考えよう．

図 2.19, 2.20 に記したように，式 (2.23) を

$$y = f(x) = ax^2 + bx + c = a(x - p)^2 + q \qquad (2.30)$$

の形に変形できれば，$y = ax^2$ のグラフを x 軸方向に p，y 軸方向に q だけ平行移動することによって，式 (2.30) のグラフを簡単に描くことができる[注1]．

ここで，33 ページで述べた「因数分解の公式①」を思い出していただきたい．

例えば，

$$y = f(x) = 2x^2 - 4x + 5 \qquad (2.31)$$

は，

$$\begin{aligned}
y &= 2(x^2 - 2x) + 5 \\
&= 2(x^2 - 2x + 1 - 1) + 5 \\
&= 2\{(x - 1)^2 - 1\} + 5 \\
&= 2(x - 1)^2 - 2 + 5 \\
&= 2(x - 1)^2 + 3 \qquad (2.32)
\end{aligned}$$

と変形できる．つまり，式 (2.32) より式 (2.31) のグラフは図 2.19 に示す操作①，②に従って，$y = 2x^2$ のグラフを x 軸方向に 1，y 軸方向に 3 だけ平行移動することによって得られるのである．

[注1] 式 (2.30) の p と q の前にある符号が異なっているが，$y - q = a(x - p)^2$ と書き直せば，符号はそろう．

一般に，2 次式 $ax^2 + bx + c$ は

$$ax^2 + bx + c = a\left(x^2 + \frac{b}{a}x\right) + c$$
$$= a\left\{x^2 + 2\cdot\frac{b}{2a}x + \left(\frac{b}{2a}\right)^2 - \left(\frac{b}{2a}\right)^2\right\} + c$$
$$= a\left\{\left(x + \frac{b}{2a}\right)^2 - \frac{b^2}{4a^2}\right\} + c$$
$$= a\left\{x - \left(-\frac{b}{2a}\right)\right\}^2 + \left(-\frac{b^2 - 4ac}{4a}\right) \quad (2.33)$$

と変形できる．したがって

$$p = -\frac{b}{2a} \quad (2.34)$$
$$q = -\frac{b^2 - 4ac}{4a} \quad (2.35)$$

とおけば

$$y = ax^2 + bx + c = a(x - p)^2 + q \quad (2.30)_\text{再}$$

と書き表されるのである．なお，ここの p, q は，2 次方程式の解（39 ページ）における p, q と違うので注意せよ．

つまり，2 次関数

$$y = f(x) = ax^2 + bx + c \quad (2.23)_\text{再}$$

のグラフは，次のようにまとめられる．

$y = ax^2$ のグラフを x 方向に $-\dfrac{b}{2a}$，y 方向に $-\dfrac{b^2 - 4ac}{4a}$ だけ平行移動した放物線で，軸は $x = -\dfrac{b}{2a}$，頂点は $\left(-\dfrac{b}{2a},\ -\dfrac{b^2 - 4ac}{4a}\right)$

【問題 2.5】 次の 2 次関数のグラフを描け．
（1） $y = 2x^2 - 4x + 2$ 　　　（2） $y = 2x^2 - 4x + 7$

2次関数のグラフは，x^2 の項についた係数の正か負によって，下に凸か上に凸の形をもつ（図 2.16 参照）．つまり，図 2.21 に示すように，2 次関数

$$y = f(x) = ax^2 + bx + c = a(x-p)^2 + q \tag{2.30}_{再}$$

は

$$a > 0 \text{ のとき，} x = p \text{ で最小値 } f(p) = q$$

$$a < 0 \text{ のとき，} x = p \text{ で最大値 } f(p) = q$$

をとる．また，x の範囲が限定されない限り，$a > 0$ のときには最大値，$a < 0$ のときには最小値をもたないことが図 2.21 から明らかであろう．

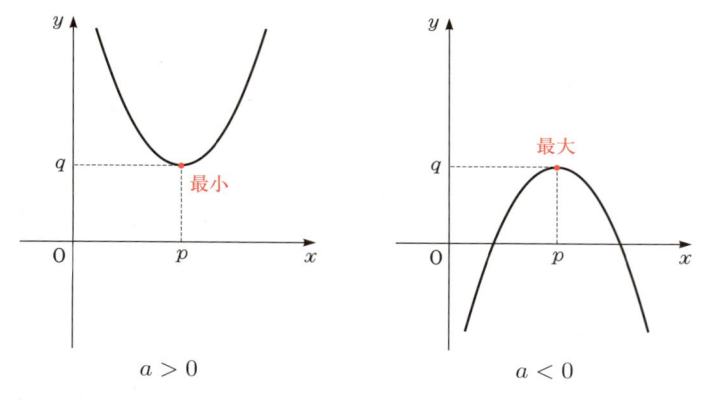

図 2.21 2次関数の最大と最小

【問題 2.6】 次の 2 次関数の最大値または最小値を求めよ．
（1） $y = 2x^2 - 8x + 3$　　　　（2） $y = -3x^2 - 18x - 25$

【問題 2.7】 次の 2 次関数の最大値と最小値を求めよ．
（1） $y = x^2 - 4x$　　　$(0 \leqq x \leqq 3)$
（2） $y = -x^2 + 4x - 2$　　　$(0 \leqq x \leqq 3)$

◆**3 次関数** x の 3 乗 (x^3) の項を含む **3 次関数**の一般形は，$a\ (\neq 0), b, c, d$ を定数として

$$y = f(x) = ax^3 + bx^2 + cx + d \tag{2.36}$$

である．まず，最も単純な 3 次関数

$$y = f(x) = x^3 \tag{2.37}$$

について考えてみよう．いささか原始的ではあるが，いくつかの x に対する $f(x) = x^3$ の値を求めてみると，次のページの表のようになる．

【関数のグラフ】 関数のグラフを求めたいとき，多くの x に対する関数 y の値を 1 つずつ求め，これを座標平面上の点とすることで，かなり正確なグラフを描くことができるが，計算回数も多くする必要があるため，面倒である．71 ページに示す式 (2.39) のグラフは，x 軸の交点と，交点間の情報（グラフが 1 つの交点から離れていっても，次の交点に至るためには，どこかで x 軸へ向かうように大きく曲がらなければならない）だけからグラフの概形を描いている．交点の左右で関数値が正・負のどちらであるかの判定は，計算がしやすい適当な x の値を代入することで確かめることができる．ただし，曲がりぐあいや頂きの座標などの情報は得られないのである．しかし，第 3 章で述べる「微分」を応用すると，この段階で「わからなかった」情報が得られることになり，かなり正確なグラフが描けるようになる．

なお，前項において，2 次関数を例としたグラフの平行移動を説明してきたが，一般の関数 $y = f(x)$ に対してもそのまま成り立つ．例えば，$y = f(x)$ を，*x 軸方向に p，y 軸方向に q だけ平行移動して得られるグラフ*は

$$y - q = f(x - p)$$

で与えられる．$f(x-p)$ は，$f(x)$ の x を $x-p$ に置き換えることを意味する．

x	-2	-1	$-\dfrac{1}{2}$	0	$\dfrac{1}{2}$	1	2
$f(x) = x^3$	-8	-1	$-\dfrac{1}{8}$	0	$\dfrac{1}{8}$	1	8

上の表の値を座標平面上に実際にプロットして，それらの点を順番に曲線でつないでいけば，図 2.22 のようなグラフが得られる．

一般的に，

$$y = f(x) = ax^3 \quad (a \neq 0) \qquad (2.38)$$

のグラフは，$y = x^3$ のグラフを y 軸方向に a 倍すればよいから，図 2.23 のようになる．

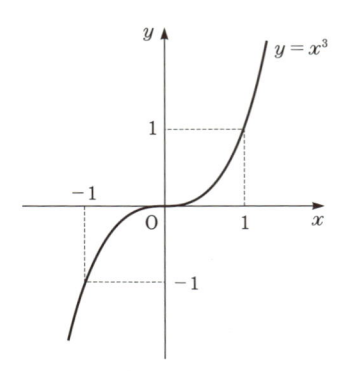

図 2.22 $y = x^3$ のグラフ

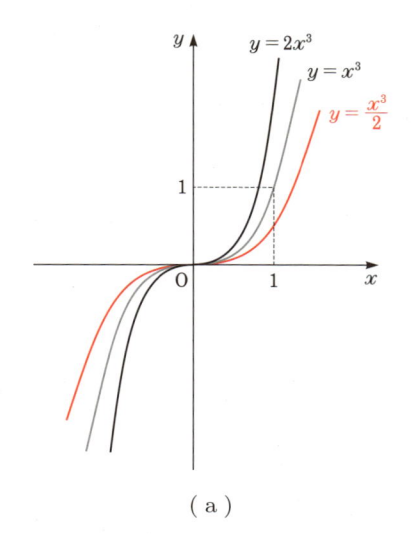

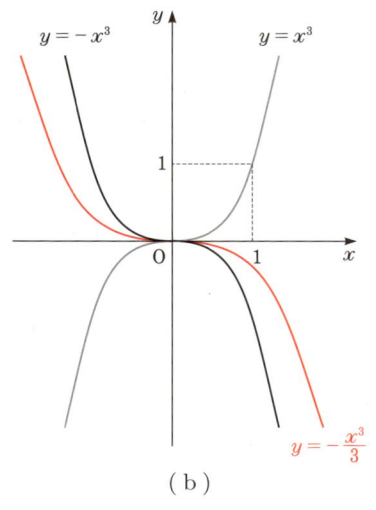

(a)

(b)

図 2.23 $y = ax^3$ のグラフ．（a）は $a > 0$ の例，（b）は $a < 0$ の例である．

2.3 さまざまな関数のグラフ

次に，3次関数の一般形である式 (2.36) のグラフの形を考えてみよう．

2次関数の場合は，図 2.20 に示したように，一般形

$$y = f(x) = a(x-b)^2 + c \qquad (2.29)_{再}$$

のグラフの形は，基本的に

$$y = f(x) = ax^2 \qquad (2.26)_{再}$$

のグラフと同じものである．したがって，図 2.19, 2.20 に示したような操作で簡単に求めることができた．

しかし，一般的にいえば，3次関数 (2.36) のグラフの形は $y = ax^3$ のグラフの形から，2次関数の場合のような操作で求めることができないのである．

例えば，

$$y = f(x) = x^3 - x \qquad (2.39)$$

のグラフを描こうとする．

$$\begin{aligned} y = x^3 - x &= x(x^2 - 1) \\ &= x(x+1)(x-1) \end{aligned}$$

であるから，$y = f(x) = 0$ となる x は $x = -1, 0, 1$ の3個ある．つまり，

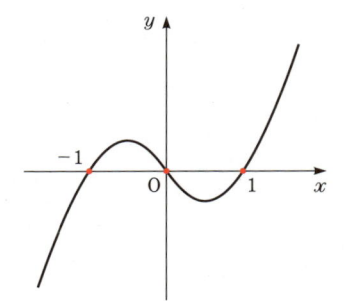

図 2.24 $y = x^3 - x$ のグラフの概形

$$y = f(-1) = f(0) = f(1) = 0$$

なので，$y = x^3 - x$ のグラフと x 軸は，$x = -1, 0, 1$ の3点で交わることになり，「$x > 1$ で $f(x) > 0$, $x < -1$ で $f(x) < 0$」であることがわかるので，その概形を描けば図 2.24 のようになる．

図 2.23 と図 2.24 を見比べればわかるように，$y = ax^3$ のグラフをどのように平行移動しても $y = x^3 - x$ のグラフは得られないのである．

以下，やや面倒ではあるが，

$$y = ax^3 + bx^2 + cx + d \qquad (2.36)_\text{再}$$

のグラフが

$$y = ax^3 \qquad (2.38)_\text{再}$$

のグラフを平行移動することによって得られない理由について考えてみよう．

$y = ax^3$ のグラフを x 軸方向に p，y 軸方向に q だけ平行移動して得られるグラフは 3 次関数

$$y - q = a(x - p)^3 \qquad (2.40)$$

となる（69 ページの【関数のグラフ】を参照）．式 (2.40) は

$$y = ax^3 - 3apx^2 + 3ap^2 x - ap^3 + q \qquad (2.41)$$

となるから，式 (2.41) が式 (2.36) と等しくなるには

$$\left. \begin{array}{r} -3ap = b \\ 3ap^2 = c \\ -ap^3 + q = d \end{array} \right\} \qquad (2.42)$$

でなければならないが，a, b, c, d の選び方に制限を設けないで式 (2.42) を同時に満たす p, q は一般には求められないのである．

ところで，式 (2.36) で表される 3 次関数の一般形のグラフを別の観点から考えてみる．

$$\begin{aligned} y &= ax^3 + bx^2 + cx + d \\ &= ax^3 + (bx^2 + cx + d) \end{aligned} \qquad (2.43)$$

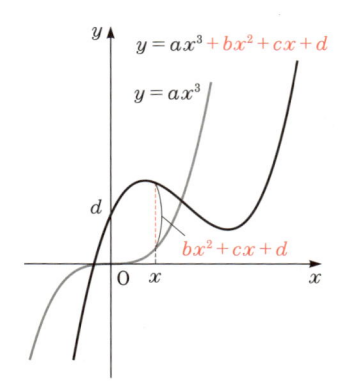

図 2.25 3 次関数のグラフの一般形

と書き表されるので，式 (2.36) のグラフは，図 2.25 に示すように，$y = ax^3$ のグラフに $bx^2 + cx + d$（$\neq$ 定数）を加えて得られることになる．すなわち，$y = ax^3$ の平行移動ではないことがわかる．

いま，話を単純にするために，$x > 0$ の場合を考えるが，x が大きくなればなるほど $bx^2 + cx + d$ に比べて ax^3 の値が大きくなり

$$ax^3 + (bx^2 + cx + d) \approx ax^3 \tag{2.44}$$

となるのである（「$\approx$」は近似的に等しいことを意味する記号である）．$x < 0$ の場合も，同様に式 (2.44) が成り立つ．

つまり，$|x|$ が十分に大きいときは，$y = ax^3 + bx^2 + cx + d$ のグラフは，$y = ax^3$ のグラフとほとんど同じになってしまう．

◆ **指数関数**　指数については，すでに 17～20 ページで述べた．ここでは**指数関数**について考える．

アメーバ，細菌のように，からだが 1 個の細胞だけでできている単細胞生物は，図 2.26 のように，細胞分裂によって新しい 2 個体になる．

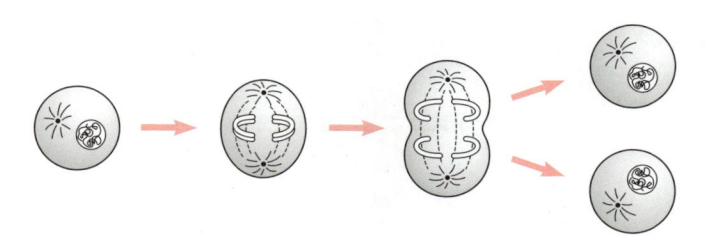

図 2.26　細胞分裂

例えば図 2.27 のように，1 時間ごとに 2 倍に分裂，つまり 2 倍に増える細菌について考えてみよう．時間の経過に従って，細菌の数は

  1 時間後 $\cdots$　2 個
  2 時間後 $\cdots$　4 個　$(= 2 \times 2 = 2^2)$
  3 時間後 $\cdots$　8 個　$(= 2 \times 2 \times 2 = 2^3)$
  4 時間後 $\cdots$　16 個　$(= 2 \times 2 \times 2 \times 2 = 2^4)$
      $\vdots$

というぐあいに増えていき，x 時間後の細菌の個数 y は，x の関数として

$$y = f(x) = 2^x \tag{2.45}$$

で表されることに気づくだろう．この x は"指数"なので，式 (2.45) のような関数は**指数関数**と呼ばれる．

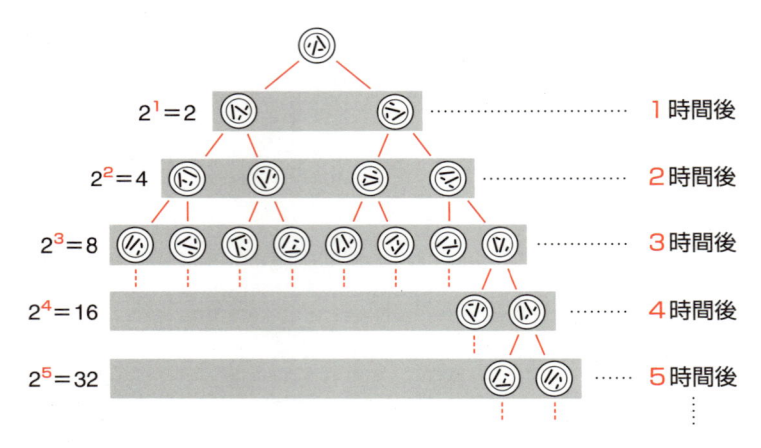

図 2.27 1 時間ごとに 2 倍に増殖する細菌

もちろん，細菌の個数などを扱う場合には，x が負の値をとることはないが，式 (2.45) 自体には，負の数も可能で，

$$x = -1 \text{ の場合は，} \quad y = 2^{-1} = \frac{1}{2}$$
$$x = -2 \text{ の場合は，} \quad y = 2^{-2} = \frac{1}{2^2} = \frac{1}{4}$$

というようになる．

また，時間の経過に従って，数がもとの半分 $\left(\frac{1}{2}\right)$，またその半分 $\left(\frac{1}{2}\right)$ というように，どんどん減っていってしまうような場合もある．このような場合は

という指数関数で表される.

式 (2.45), (2.46) のグラフは図 2.28 のようになる.

また,

$$\left(\frac{1}{2}\right)^x = (2^{-1})^x = 2^{-x}$$

の関係が成り立っていることは，図からもわかる.

$$y = f(x) = \left(\frac{1}{2}\right)^x \qquad (2.46)$$

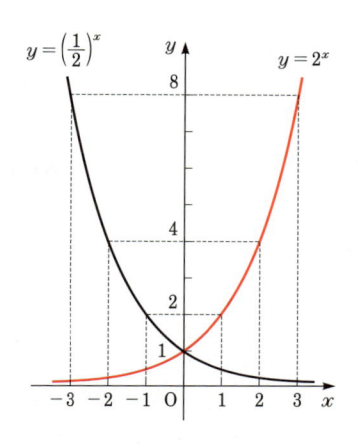

図 **2.28** 指数関数のグラフ

なお，これらは，もとの数を "1" とした場合の式とグラフであるが，もとの数が A であれば，それぞれ

$$y = f(x) = A \cdot 2^x \qquad (2.47)$$

$$y = f(x) = A \cdot \left(\frac{1}{2}\right)^x \qquad (2.48)$$

となる.

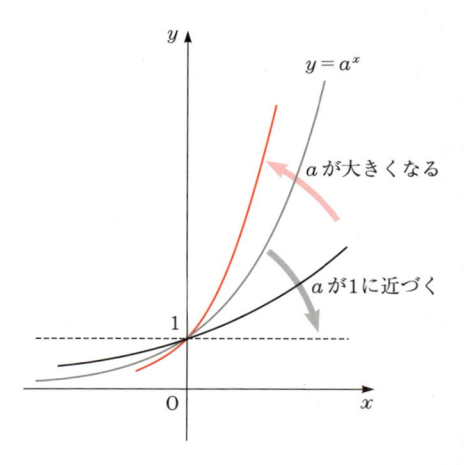

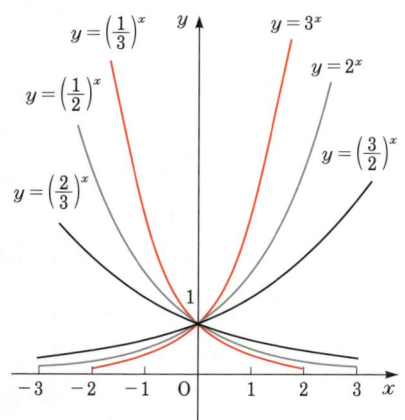

図 **2.29** $y = a^x$ のグラフ（その 1）

図 **2.30** $y = a^x$ のグラフ（その 2）

一般に，

$$y = f(x) = a^x \tag{2.49}$$

を「a を底とする指数関数」というが，図 2.29 に示すように，$a > 1$ の場合，グラフは a が大きくなるほど起き上がり，a が小さくなり，1 に近づくほど寝てくる．$a = 1$ であれば，$y = f(x)$ はつねに 1 だから完全に "寝て" $y = 1$ の直線になる．$a < 1$ の場合は，$a > 1$ の場合と逆に，a が小さくなるほど起き上がり，大きくなるほど寝ることになる．その様子を図 2.30 に示す．

【指数関数と対数関数】 20 ページの【平方根から指数へ】で，底を > 0 と選ぶことによって，「指数がどのような実数の場合でも，指数によって表される数が（それぞれただ 1 つの数として）定義される」ことを学んでいる．このことは「指数を変数とする関数が考えられる」ことを意味しており，この関数を**指数関数**というのである．

同様に，21 ページの【対数の条件】で，底を > 0 かつ $\neq 1$ に選ぶことによって，「真数がどのような実数の場合でも，対数が（それぞれただ 1 つの数として）定義される」ことを学んでいる．このことは「真数を変数とする関数が考えられる」ことを意味しており，この関数を**対数関数**というのである．

第 1 章では，指数によって表される数と対数の間に関係をもたせるために，両者の条件をそろえた．関数でもこの関係を引き継いでいるが，正式には「対数関数」は「指数関数」の逆関数として定義されている．本書では，対数関数についての解説を省略しているので，教科書を参照していただきたい．

なお，数学で扱われる指数関数や対数関数は，22 ページの【常用対数と自然対数】で述べた $e \, (= 2.718\ldots)$ を底とするものであって，それぞれ e^x, $\log_e x$（あるいは，e を省略した $\log x$）と表される．

さらに，第 1 章で述べた「指数法則」や「対数法則」が，関数に対してもそのまま成り立つことはいうまでもない．

2.3 さまざまな関数のグラフ

◆ **三角関数** 等速円運動する点 P の極座標については 52 ページで述べたが，ここでもう一度，図 2.31 に示すように，原点 O を中心とする半径 r の円周上の点 P の座標 (x, y) と三角比との関係を考えよう．

式 (1.42)〜(1.44) に示した三角比の定義から

$$\frac{y}{r} = \sin\theta \quad (2.50)$$

$$\frac{x}{r} = \cos\theta \quad (2.51)$$

$$\frac{y}{x} = \tan\theta = \frac{\sin\theta}{\cos\theta} \quad (2.52)$$

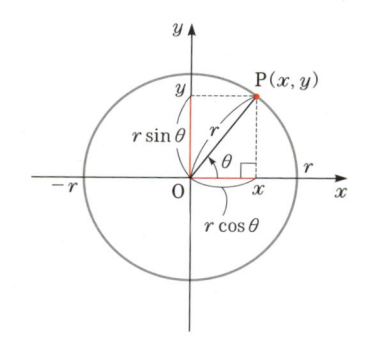

図 2.31 回転運動する点 P の座標

である．ただし，$\tan\theta$ は $x = 0$ となる $\theta = \frac{\pi}{2}$ や $\theta = -\frac{\pi}{2}$ などの場合には定義されない．

式 (2.50)〜(2.52) において θ を変数とみなせば，右辺は変数 θ の関数と考えられる．三角比に基づく関数を**三角関数**と呼ぶ．

【**三角関数**】 第 1 章で，直角三角形の 2 辺ではさまれた角から定まる数として三角比を定義し，さらに，その角を弧度法で表される一般角に対するものにまで拡げて三角比を定義した（一般角に拡げたため，tan については，定義できない角が生じてしまったことに注意せよ）．一般角は，「ラジアン」という単位をもつが，実数によって与えられている．したがって，「角を変数とする関数が考えられる」ことを意味しており，三角比を関数に発展させたものを「三角関数」というのである．三角比と同様，関数においても単位のラジアンをいちいち書かないことが多い．また，具体的な三角関数の計算では，「加法定理」をはじめとする各種公式（170 ページ参照）が利用される．

ここであらためて，一般的な立場から，$r=1$ の場合について，変数 θ を x で表し，

$$y = \sin x \qquad (2.53)$$

$$y = \cos x \qquad (2.54)$$

という 2 つの三角関数について考えてみることにしよう[注2]．図 1.9 に示したように，もともとの定義に戻れば，x は原点を中心とした回転に基づく角度を測る単位として採用したラジアン（弧度）なのであるが，三角関数のグラフを描く場合，ほかの関数と同様に，x は座標平面の x 軸上にとる．

表 1.1（25 ページ）と表 1.2（27 ページ）を参照して，$0 \leqq x \leqq 2\pi$ における $y = \sin x$ のグラフを描くと図 2.32 のようになる．式 (2.4) に示したように

$$y = \sin(x + 2n\pi) = \sin x \qquad (2.55)$$

だから，$\sin x$ の値は 2π ごとに同じ変化（**周期的変化**）を繰り返すので，$y = \sin x$ の一般的なグラフは図 2.33 のような形状が繰り返されることになる．

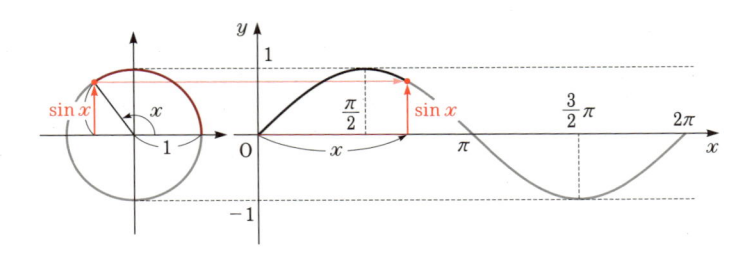

図 2.32 $y = \sin x$ のグラフ．左側の図において，$\sin x$ の値は ↑ の長さ（上向きの場合は正の値，下向きの場合は負の値）になっている．

[注2] θ を x と置き換えたことにより，式 (2.50), (2.51) の x, y と式 (2.53), (2.54) の x, y とは，まったく異なるものとなる．前者の x, y は円の方程式で定まる円周上の点の「座標」であるが，後者は x を半径 1 の円周の長さとした「変数と関数」の関係になっている．

2.3 さまざまな関数のグラフ

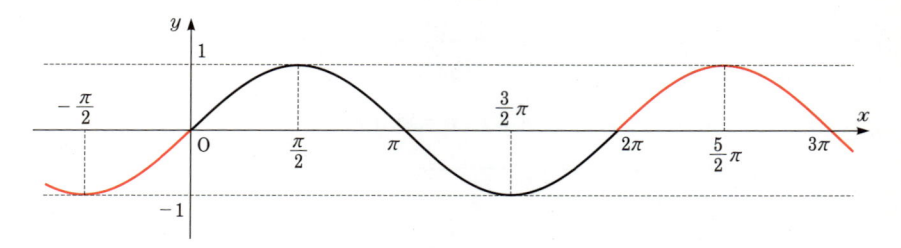

図 2.33 一般的な $y = \sin x$ のグラフ

図 2.33 は $r = 1$ の場合の $y = \sin x$ のグラフであるが，一般的な

$$y = r \sin x \tag{2.56}$$

のグラフは図 2.33 の y の値を r 倍することによって得られることは明らかであろう．例えば，$r = 2$ の場合の

$$y = 2 \sin x \tag{2.57}$$

のグラフは図 2.34 のようになる．

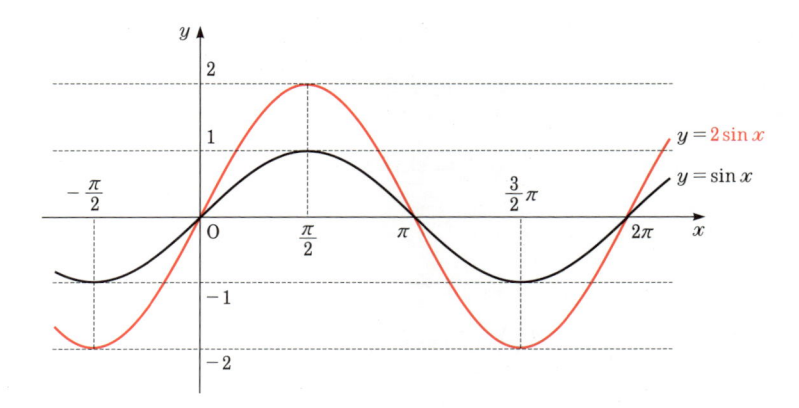

図 2.34 $y = 2\sin x$ のグラフ

また，x が nx や $x - \alpha$ に変わった場合は，グラフが x 軸に沿って縮小されたり，拡大されたり，また平行移動したりすることが想像できるだろう．次の問題を具体例として確認していただきたい．

> **【問題 2.8】** 次の三角関数のグラフを描け.
> （1） $y = \sin 2x$ （2） $y = \sin\left(x - \dfrac{\pi}{3}\right)$

次に，$y = \cos x$ のグラフについても $y = \sin x$ と同様に，表 1.1，表 1.2，式 (2.3) を参照して描いてみると図 2.35 のようになる.

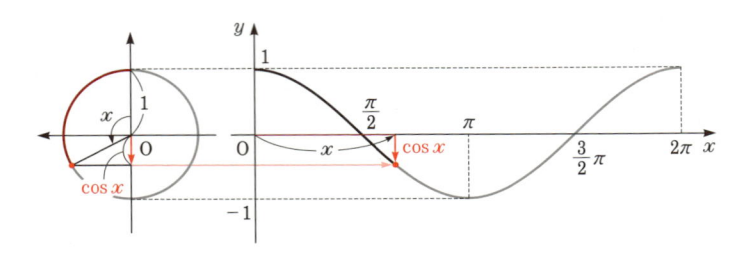

図 2.35 $y = \cos x$ のグラフ．左側の図を $\sin x$ と同じにとると $\cos x$ の値は横軸上の値で与えられる．この値を右側の図のように縦軸にとるには 90° 回転したものにする必要がある．

ここで，図 2.35 と図 2.33 をじっくり見比べていただきたい．何か気づかないだろうか（円周上の点の座標に x, y を使うため，変数には θ を用いる）．

$$\cos\theta = \sin\left(\theta + \frac{\pi}{2}\right) \tag{2.58}$$

という関係に気づくだろうか.

このことを図 2.36 を用いて検証してみよう.

点 P(x, y) の座標は式 (2.1), (2.2) より

$$x = \cos\theta \tag{2.59}$$

$$y = \sin\theta \tag{2.60}$$

である．角 $\theta + \dfrac{\pi}{2}$ の動径と単位円との交点を P$'(x', y')$ とすると，その座標は

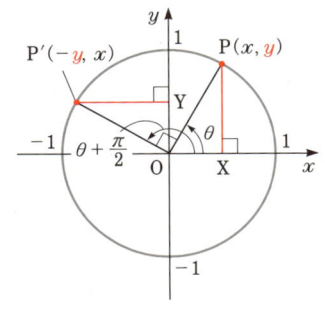

図 2.36 θ と $\theta + \dfrac{\pi}{2}$ の関係

2.3 さまざまな関数のグラフ

$$x' = \cos\left(\theta + \frac{\pi}{2}\right) \tag{2.61}$$

$$y' = \sin\left(\theta + \frac{\pi}{2}\right) \tag{2.62}$$

このとき，点 P′ は点 P(x, y) を原点のまわりに $\frac{\pi}{2}$ だけ回転した点であり，P′ の座標は，点 P を与える x, y を用いて，$(-y, x)$ となるから（△POX と △P′OY が合同であることを考えればわかりやすい），式 (2.59)〜(2.62) より

$$x' = \cos\left(\theta + \frac{\pi}{2}\right) = -y = -\sin\theta \tag{2.63}$$

$$y' = \sin\left(\theta + \frac{\pi}{2}\right) = x = \cos\theta \tag{2.64}$$

という関係が成り立つ．また，tan についても

$$\tan\left(\theta + \frac{\pi}{2}\right) = \frac{x}{-y} = -\frac{x}{y} = -\frac{1}{\tan\theta} \tag{2.65}$$

が成り立つ．式 (2.63)〜(2.65) を以下にまとめておく．

$\theta + \dfrac{\pi}{2}$ の三角関数

① $\sin\left(\theta + \dfrac{\pi}{2}\right) = \cos\theta$

② $\cos\left(\theta + \dfrac{\pi}{2}\right) = -\sin\theta$

③ $\tan\left(\theta + \dfrac{\pi}{2}\right) = -\dfrac{1}{\tan\theta}$

三角関数は相互に関係し合っているため，加法定理などの多くの公式が知られている（170 ページ参照）．また，三角関数の逆数関数 $\left(\dfrac{1}{\sin x}\ \text{など}\right)$ に対しても固有な名称と関数表記が与えられている．詳しくは教科書などを参照していただきたい．なお，一部の教科書では加法定理などが高等学校で扱われる内容であることを理由に，省かれていることもある．

◆**逆関数**　関数 $y = f(x)$ において，x の値が異なれば，それに対応する y の値がつねに異なることが多くある．つまり

$$x_1 \neq x_2 \quad \text{ならば} \quad f(x_1) \neq f(x_2)$$

である．このとき，逆に，y の値 b に対して $b = f(a)$ となる x の値 a がただ 1 つに定まることも期待できる．もし，そうであるならば，y を独立変数，x を従属変数とする新しい関数が考えられることになる．

具体例で考えてみよう．

例えば，1 次関数

$$y = f(x) = x + 1 \tag{2.66}$$

において，任意の実数 b に対して

$$b = f(a) \quad \text{つまり} \quad b = a + 1$$

となる実数は

$$a = b - 1$$

として，ただ 1 つに定まる．したがって，b に a を対応させる関数を考えることができ，この関数は

$$g(x) = x - 1 \tag{2.67}$$

で表される．この関数 (2.67) を関数 (2.66) の**逆関数**といい，一般に $y = f(x)$ の逆関数を $y = f^{-1}(x)$ と表す．上記の例でいえば，$f^{-1}(x) = g(x)$ であって，$y = x + 1$ の逆関数は $y = x - 1$ ということになる．

逆関数をもつことのできる関数は，つねに増加（$x_1 < x_2$ において，つねに $f(x_1) < f(x_2)$）しているか，つねに減少（$x_1 < x_2$ において，$f(x_1) > f(x_2)$）しているかのいずれかであることが知られている．関数についての不等号が $\leqq$ や $\geqq$ になっていないことに注意していただきたい．

一般的な関数に対する逆関数の求め方はやや難しいので，次のページのコラム【逆関数】で説明する．

> **【問題 2.9】** 次の関数の逆関数を求めよ．
> （1） $y = 2x$　　　　（2） $y = 4x + 3$　　　　（3） $y = \dfrac{x+1}{x}$

次に，関数 $y = f(x)$ とその逆関数 $y = f^{-1}(x)$ の関係について，考えてみよう．関数と逆関数との間には，上の例で見たように

$$b = f(a) \iff a = f^{-1}(b)$$

が成り立つから，図 2.37 に示すように，関数 $y = f(x)$ 上の点 (a, b) とその逆関数 $y = f^{-1}(x)$ 上の点 (b, a) とは**等価**である．つまり，点 (a, b) が $y = f(x)$ 上にあることと，点 (b, a) が $y = f^{-1}(x)$ 上にあることとは同じことである．このとき，点 (a, b) と点 (b, a) は，直線 $y = x$ に関して対称の位置関係にある．

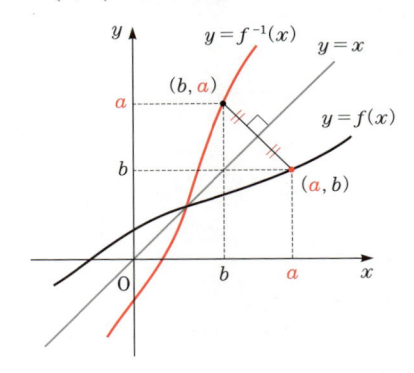

図 2.37 $y = f(x)$ と $y = f^{-1}(x)$ との関係

したがって，$y = f(x)$ のグラフと $y = f^{-1}(x)$ のグラフは，直線 $y = x$ に関して対称になることがわかる．

> **【問題 2.10】** 次の関数の逆関数を求め，そのグラフを描け．
> （1） $y = x^2 - 2 \quad (x \geqq 0)$　　　　（2） $y = 2^x$

【逆関数】 図 2.37 で示した関数 $y=f(x)$ のグラフを例として考えると，独立変数 $x(=a)$ から $y=f(x)$ を経て，ただ 1 つの従属変数 $y(=b)$ にたどりつく「経路 1」と，従属変数 y から $y=f(x)$ を経て，ただ 1 つの独立変数 x にたどりつく「経路 2」の間で，相互に可逆な関係が成り立っている．

経路 1 における「ただ 1 つ」は，関数を考えていることから保証されているが，経路 2 における「ただ 1 つ」は，関数 $y=f(x)$ の形によっては必ずしも保証されない．そこで，関数 $y=f(x)$ が，x と y の間に 1 対 1 の関係を与えるものであるならば，経路 2 において「y を独立変数，x を従属変数とする関数を考えることができる」ことになる．このような経路 2 から定められる関数を，もとの関数の逆関数というのである．

$y=f(x)$ を x の方程式と考えて x について解くことができて $x=g(y)$ と表せたならば，逆関数の具体的式 $g(y)$ が得られたことになる（ただし，$x=g(y)$ を，x 軸を横軸にとる座標平面上のグラフとして描いても，もとの関数 $y=f(x)$ のグラフになる）．このように，関数関係を逆にとらえることが，逆関数の基本的考え方になっている．逆関数をもつ関数のグラフが単調（増加，あるいは，減少のどちらか一方の状態）であることは，本文で述べたとおりである．

ところで，関数の性質を備えている逆関数自体を，もとの関数と切り離して，研究対象にすることができる．ただし，$x=g(y)$ の形で扱うのではなく，$x=g(y)$ において x と y を入れ替えた「$y=g(x)$」を $y=f(x)$ の逆関数として定義し直すのである．これで，ほかの関数と同様に，独立変数を x，従属変数を y とした関数 $y=g(x)$ として扱うことができるようになる．「x と y を入れ替える」操作は，座標平面上では，縦軸と横軸の交換を意味している．したがって，逆関数 $y=g(x)$ のグラフは「もとの関数 $y=f(x)$ を，直線 $y=x$ に関して，対称に移したもの」になる．関数 $y=f(x)$ の逆関数を，記号「$^{-1}$」を用いて $y=f^{-1}(x)$ で表すこともある（逆数関数の $\{f(x)\}^{-1}$ と混同しないように注意せよ）．

2.3 さまざまな関数のグラフ

【三角関数の逆関数】 変数 x が実数全体にわたって定義されている三角関数のグラフを，直線 $y = x$ について折り返してできるグラフの場合，ある x $(-1 \leqq x \leqq 1)$ に対して y の値は無数に存在することがわかる．すなわち，y がただ 1 つに定まらないことから，変数 x が実数全体にわたって定義されている三角関数の逆関数は定義されない．例として，$\sin x$ のグラフと，$\sin x$ を直線 $y = x$ に関して折り返したグラフを図 2.38 に示す．

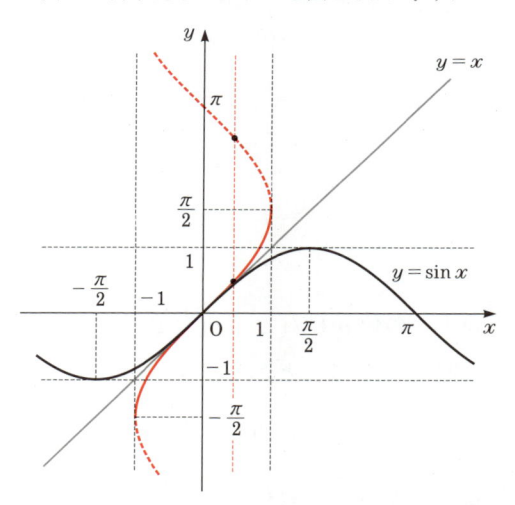

図 2.38 $\sin x$ のグラフと，$\sin x$ を直線 $y = x$ に関して折り返したグラフ．通常，赤色の実線で示したグラフの範囲が $\sin x$ の逆関数に選ばれる．このとき，y の値はただ 1 つに定まる．

もう一度 2 つのグラフを見てみると気がつくと思うが，三角関数の変域をうまく選ぶ（＝制限する）ことによって，三角関数の逆関数（**逆三角関数**と呼ばれる）が定義されるのである．ただし，sin, cos, tan のそれぞれについて，選ばれる変域は異なっている．逆三角関数は，もとの関数の変域に制限を加えた特殊なものであるが，応用上重要な関数である．

なお，$\sin x$ の逆三角関数は「$\sin^{-1} x$」あるいは「$\mathrm{Sin}^{-1} x$」の形で表されるので，$\sin x$ の逆数関数 $(\sin x)^{-1} = \dfrac{1}{\sin x}$ と混同しないように，注意が必要である．逆三角関数の詳しい説明は，教科書を参照していただきたい．

◆ **合成関数**　例えば，2つの関数 $f(x) = 2x+1$, $g(x) = x^2$ において，x の値 a に対応する $f(x)$ の値を b, この b に対応する $g(x)$ の値を c とすると

$$b = 2a + 1 \tag{2.68}$$

$$c = b^2 \tag{2.69}$$

となり，これらの2式を1つにまとめると

$$c = (2a+1)^2 \tag{2.70}$$

となる．式 (2.68), (2.69) を，関数表示を用いて書きあらためると $b = f(a)$, $c = g(b)$ であるから，式 (2.70) は

$$c = g(f(a)) \tag{2.71}$$

となる．

つまり，x の1つ1つの値 a に対して $g(f(a))$ もただ1つに定まることから，$g(f(a))$ という関数を考えることができる．一般的にいえば

$$g(f(x)) \tag{2.72}$$

という x の関数が得られる．要するに，$g(x)$ の表示で，x の代わりに $f(x)$ をおくのである．上の結果は，ある特別な関数だけに成り立つものではなく，<u>一般の関数についても成り立つ</u>ものである．このような関数 $g(f(x))$ を $f(x)$ と $g(x)$ の **合成関数** といい，

$$g(f(x)) = (g \circ f)(x) \tag{2.73}$$

という記号で表す（右辺において，変数の役目をする関数を ∘ の右側に書く）．当然のことながら，一般に $(g \circ f)(x) \neq (f \circ g)(x)$ である．

【問題 2.11】 $f(x) = x+1$, $g(x) = x^2$ の次の合成関数を求めよ．

（1） $(g \circ f)(x)$ 　　　　（2） $(f \circ g)(x)$

第3章

微分

　微分・積分は学校で習う数学の"スター"であるばかりでなく，微分・積分の考え方は，大学で学ぶ多くの分野で使われている．理工系分野はいうまでもなく，例えば，経済学で市場動向を理解する場合や社会学におけるさまざまな情報の統計処理のような場合にも必要である．

　このように，非常に重要な微分・積分なのであるが，数学が嫌いになったり，不得意になったりする大きなきっかけは，この微分・積分にあるようである．しかし，微分・積分は一歩一歩筋道立てて考えていけば少しも難しくも，わかりにくいものでもなく，とても面白く，数学そのものに対する興味を拡げてくれるようなものなのである．

　本章では，「微分」の"意味"と"考え方"を徹底的に理解していただく．この章を読み終えた後は，「微分なんて何だか難しそうだったけど，自分にも十分理解できた」と思うはずである．

3.1 微分とは何か

◆ **速さ** 例えば，自動車で A 点から B 点に向かって走行している場合のことを考える．

自動車が一定の速さ（等速）で走行している場合，その走行時間（x）と走行距離（y）との関係は，59 ページに述べたように，速さを v とすれば

$$y = f(x) = vx \qquad (2.15)_{再}$$

で表され，その一例のグラフを図 2.11 に示した．

図 3.1 に示すように，一般的に，A 点の出発時間を x_A，そのときの位置を y_A，B 点への到着時間を x_B，その位置を y_B とし，自動車が AB 間を等速で走行したとすれば，その速さ v は

$$v = \frac{走行距離}{走行時間} = \frac{y_B - y_A}{x_B - x_A} \qquad (3.1)$$

で求まる．

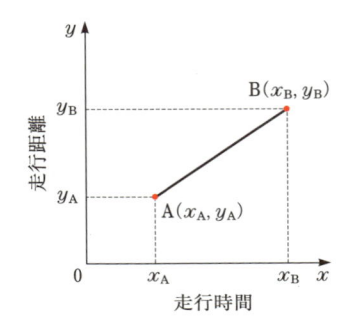

図 3.1 等速直線運動の，走行時間と走行距離の関係

ところが，例えば，物体が自由落下するような場合は，落下する物体に重力の加速度（g）が加わり，落下する速さが徐々に増すので厄介である．

実際に，ある物体が自由落下した場合の落下時間，落下距離の実測値，および，それらから算出した落下の速さ（落下距離÷落下時間）を表 3.1 にまとめて示す．表からも明らかなように，同じ 1 秒間でも落下距離は異なる．つまり落下の速さが異なるのである．表 3.1

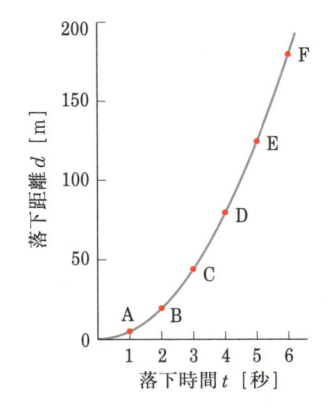

図 3.2 落下する物体の，落下時間と落下距離の関係

の落下時間（t）と落下距離（d）との関係をグラフで表したのが図 3.2 である．

また，表 3.1，図 3.2 に示される d と t との関係は，ほぼ

$$d = f(t) = 5t^2 \tag{3.2}$$

という 2 次関数の関係式で表されることがわかる．

しかし，ここで重要なことは，表 3.1 に示される「落下の速さ」は，あくまでも，該当する 1 秒間，例えば，A 点を通過してから B 点に達するまでの 1 秒間の**平均速さ**であって，実際には，A 点から B 点に至る 1 秒の間に，物体は時々刻々加速され，速さも時々刻々変わっている．

実は，このような"厄介な問題"を見事に，簡明に解決してくれるのが**微分**なのである．

表 3.1 物体の落下時間と落下距離，落下の速さ

点	時間 t [秒]	落下距離 d [メートル]	落下の速さ v [メートル/秒]
	0	0	
A	1	5	5
B	2	20	15
C	3	44	24
D	4	78	33
E	5	123	45
F	6	176	53
	⋮	⋮	

◆ **傾きと接線** いま上で述べた"速さ"というのは，要するに［距離 ÷ 時間］の関係を表す**グラフ**の"**傾き**"なのである．関係が図 3.1 のような 1 次式（直線）の場合は正確な値を与えているため問題ないのであるが，図 3.2 のような 2 次式（放物線）の場合は，やや正確さを欠き"平均速さ"であることは否めないのであるが，やはり"傾き"であることは同じである．

要するに，"傾き"というのは，横に1進んだとき，縦にどれだけ進むか，ということである．

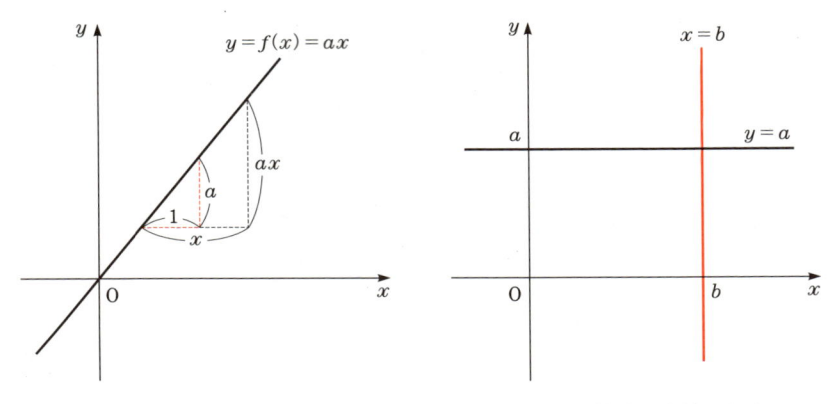

図 3.3 直線（1次関数）の傾き

図 3.4 特殊な直線の傾き

図 3.3 のように，1次関数（直線）の

$$y = f(x) = ax \tag{3.3}$$

の場合は簡単で

$$傾き = \frac{a}{1} = \frac{ax}{x} = a \tag{3.4}$$

である．この式をより一般的に書けば

$$傾き = \frac{f(x_2) - f(x_1)}{x_2 - x_1} = \frac{a(x_2 - x_1)}{x_2 - x_1} = a \tag{3.5}$$

となり，この関係は x_1, x_2（$x_1 < x_2$ でも $x_1 > x_2$ でもよい）のとり方にかかわらず直線のどの部分でも成り立つから，「直線 $y = ax$ の傾きは a である」といえるのである．

また，図 3.4 に示される

$$y = a \tag{3.6}$$

$$x = b \tag{3.7}$$

のような特殊な直線（**定数関数**）の傾きは，それぞれ，$y=a$ の場合は "0"，$x=b$ の場合は "無限大（∞）" ということになる．

ところが，曲線の場合，その傾きを求めるのは少々厄介である．

例えば，図 2.15 に示した 2 次関数 $y=f(x)=x^2$ のグラフについて考えてみる．そのグラフの一部分を拡大した図 3.5 で，点 $A(a, a^2)$ と点 $B(b, b^2)$ を結んだ線分の傾きはどのようになるだろうか．

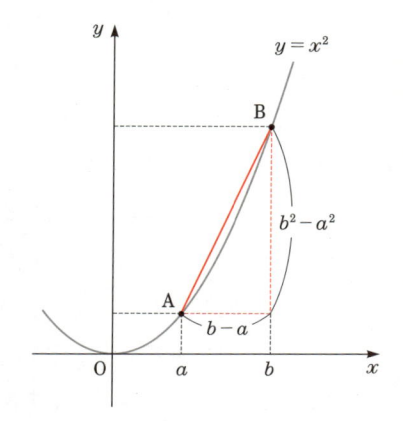

図 3.5 曲線（2 次関数）の傾き

いままでの "傾き" の定義によれば，図 3.5 に示すように

$$\text{傾き} = \frac{b^2 - a^2}{b - a} = \frac{(b+a)(b-a)}{b-a} = b + a \tag{3.8}$$

となりそうである．しかし，図 3.5 を見れば明らかなように，直線 AB と曲線 AB は両端の点は同じであっても，グラフの形状は互いに異なる．また，$y = x^2$ のグラフは直線ではないので，グラフ上の位置によって，つまり，2 点のとり方によって，式 (3.8) で求められる傾きの値が変わってしまう．

さらに，横方向（x 軸方向）に同じ 1 進んだ場合でも $0 \leftarrow 1$ と $1 \rightarrow 2$ の場合では

$$0 \leftarrow 1 : \text{傾き} = \frac{0 - 1^2}{-1} = 1$$
$$1 \rightarrow 2 : \text{傾き} = \frac{2^2 - 1^2}{1} = \frac{4 - 1}{1} = 3$$

となる．これでは，"曲線の傾き" を一義的に定めることができない．

図 3.5 では，曲線上の 1 点は固定していても，もう 1 点のとり方によって傾きが変わってしまうことが示されるのであるが，次に図 3.6 で，1 点 A（●）

を固定した場合，もう一方の点 P（○）のとり方によって，曲線の傾き（2 点を結ぶ直線の傾き）がどのように変化するかを考えてみよう．

点○（P）を固定点●（A）に近づけるに従って，直線の傾きは徐々に変化して（この場合は小さくなって）いく．○が●にどんどん近づき，○が●に一致するとき，この直線は**接線**と呼ばれる．そして，その一致点を**接点**という．"接線" の定義はそのまま「曲線の 1 点（接点）と接する直線」である[注1]．

つまり，曲線のある点（図 3.6 の●）の傾きは，その点での接線の傾きと同じと考えてよいのである．そうすれば，どんな曲線であれ，その曲線のすべての点での傾きが一義的に決定することになる．

その "ある点の接線の傾き" をどのように求めるかについては後述するとして，曲線のある点の接線の傾きを求めることにどのような意味があるのかを考えてみよう．数学に限らず，どんな学問においても "意味を考える" ことが極めて重要である．特に数学においては，"意味" を無視して，むやみに事項を暗記しても面白くないだろうし，そのような暗記に大きな意味があるようには思われない．

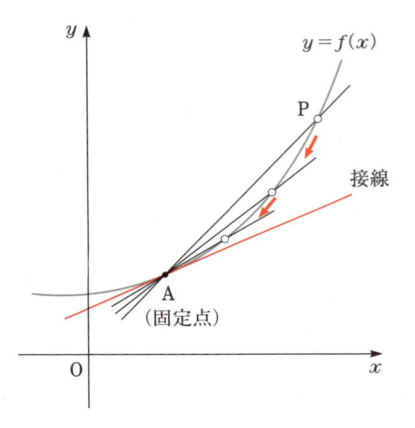

図 3.6 曲線の 2 点間の傾き

なお，ここでの議論は，曲線が折れ曲がっている点や，切れている端点など，特別な状態にある点に対しては除外している．

例えば，自動車などの交通手段による現実的な走行時間と走行距離について考えてみる．現実的には，図 2.11 のような単純な直線関係になることは極めてまれであろう．実際の走行時間 t と走行距離 y との関係は，例えば図 3.7

[注1] 接線には，曲線と交差しているように見えるものもある．例えば，3 次関数 $y = x^3$ の原点における接線は x 軸に一致している（図 2.22 参照）．

3.1 微分とは何か

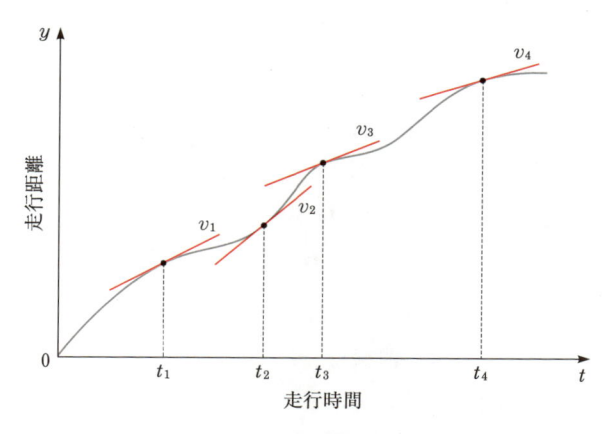

図 3.7 曲線の接線の傾き

のような曲線のグラフになるはずである．

式 (3.1) に示したように，速さ v は

$$v = \frac{走行距離}{走行時間} \qquad (3.1)_{再}$$

で与えられ，この速さ v は，横軸を走行時間，縦軸を走行距離と考えた場合の"傾き"にほかならないのである．つまり，これまでの議論から明らかなように，時間 $t_1, t_2, t_3, t_4, \ldots$ という瞬間瞬間の速さ $v_1, v_2, v_3, v_4, \ldots$ が，それぞれの点での接線の傾きで求められるのである．実際，自動車の"速度計（物理的には"速さ計"が正しいのであるが）は，このような"接線の考え方"に基づいて求められた瞬間瞬間の速さが表示されているのである．

経済学や社会学が扱うさまざまな事象の"動向"（それらはほとんどが曲線のグラフで表される）の解析にも，このような曲線の傾きが重要な役割を果たしているのである．このことは，図 3.7 の縦軸にさまざまな経済的，社会的事象を，横軸に日，月，年などの時間を当てはめてみれば理解できるだろう．

この"接線の傾き"の考え方，ひいては後述する**微分法**の考え方は，自然現象，社会現象を問わず広い分野で極めて重要な役割を果たしているのである．

◆**分割の思想**　どんなに複雑な形状の曲線でも，その小さな各分割要素は直線に近い．図 3.8 に示すように，この分割要素を小さくすればするほど，ますます，それは直線と類似してくる．

さきほど，図 3.5 で，式 (3.1) を使って速さを求めるのに問題になったのは，それが直線でなく曲線だったからである．

そこで，図 3.9 のように点 A，点 B の間を分割して考えてみよう．つまり，$y = f(x)$ のグラフは，本来，曲線なのだが，それを"短い直線"の集まりと考えるのである．

図 3.8　曲線の分割

横軸の時間軸を等時間間隔 Δt ごとに刻む（Δt を等しくとっても，"短い直線"の長さは，一般に，異なっている）．そして，その Δt ごとの移動距離を順番に Δy_j $(j = 1, 2, 3, \ldots)$ として表示することにする．$y = f(t)$ が 1 次関数であれば

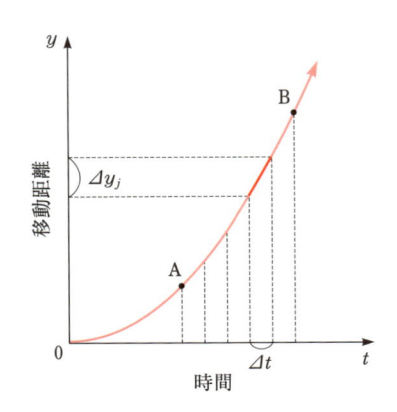

図 3.9　曲線運動の時間と移動距離との関係

$$\Delta y_1 = \Delta y_2 = \Delta y_3 = \cdots = \Delta y_j = \cdots \tag{3.9}$$

となるわけである．

さて，図 3.9 の場合，単位時間 Δt が経過するたびに，距離 Δy_j ずつ移動距離が増えることになる．このようにすれば，各単位時間ごとの移動の速さ v_j は

$$v_j = \frac{\Delta y_j}{\Delta t} \quad (j = 1, 2, 3, \ldots) \tag{3.10}$$

となり，その区間の速さの精度は，図 3.5，式 (3.1) で与えられる平均速さよりはるかに高くなることが理解できるだろう．時間 Δt で区切られた曲線の"分

割要素"はかなり直線に近いからである．このとき，1つ1つの要素が小さくなるように，**分割する点の個数を多くとれば**，各分割要素はさらに直線に近くなる．もし，この操作を続けて"分割要素"が完全な直線になれば，図 3.1 と同じになり，式 (3.1) は完全な精度をもつ速さになるのである．

実は，図 3.9 に示した**"分割の思想"**を厳密にしたものが**"微分法"**の考え方の基盤にほかならないのである．"微分"というのは"微小に分ける"という意味である．

この微分法の考え方の基本にあるのは，図 3.9，式 (3.10) で，"分割"をどこまで細かくすれば，各点の速さが（もちろん，"対象"とするのは"速さ"ばかりではないが）正確に求まったといえるのだろうか，ということなのである．グラフ上では，図 3.6 のように，各点の接線の傾きが，各点の正確な速さを示しているのであった．それを数学的に見出そうとする手法が微分法なのである．

◆ **極限計算**　さて，図 3.5, 3.6 を数学的に考えてみよう．

議論が一般的に成り立つようにするため，図 3.5 の曲線の関数を図 3.6 にならって，一般的な $y = f(x)$ とする．そして，$b - a = h$ とおく．$b = a + h$ なので直線 AB の傾きは

$$\frac{f(a+h) - f(a)}{(a+h) - a} = \frac{f(a+h) - f(a)}{h} \tag{3.11}$$

となる．図 3.6 のように，点 B をどんどん点 A に近づけるということ，つまり，直線 AB を点 A における接線に近づけるということは，式 (3.11) における **h をどんどん 0 に近づける**ということと同じである．図 3.9 でいえば，Δt をどんどん 0 に近づけることである．

ここで重要なことは，h は限りなく 0 に近づくのであるが，決して **0 になってはならない**ことである．$h = 0$ になってしまったら，式 (3.11) は

$$\frac{f(a+0) - f(a)}{0} = \frac{0}{0} \tag{3.12}$$

となって，意味を失う．つまり，"傾き"が定義できなくなってしまうのである．

そこで，h を**極限**まで 0 に近づける（しかし，$h = 0$ にはならない）ということを "$\lim_{h \to 0}$" という記号で表すことにする．この "lim" は "limit（限界，極限）" の略で "リミット" あるいは "リム" と読む．つまり，図 3.5 に示される「点 B をどんどん点 A に近づける」（より厳密には「点 B を極限まで点 A に近づける」）ということを数学的に表現すると

$$\lim_{h \to 0} \frac{f(a+h) - f(a)}{h} \qquad (3.13)$$

となる．

式 (3.13) によって，ある値が求まるのであるが，そのある値を**極限値**と呼び，極限値を求める計算を**極限計算**という．図 3.6 と式 (3.13) の意味を考えれば理解できると思うが，このような極限計算によって，任意の点における "傾き" が求められるのである．

【問題 3.1】 次の関数の傾き（極限値）を極限計算によって求めよ．
（1） $y = f(x) = ax$ （2） $y = f(x) = x^2$ （3） $y = f(t) = \frac{1}{2}gt^2$
ここで，a, g は定数とする．（3）は自由落下の距離を与える関数である．

【極限値を求める方法】 関数の極限値を求める際，分数関数などでは，$\frac{0}{0}$ になったり，$\frac{\infty}{\infty}$ や $\infty \times 0$ になったりすることが多い（教科書ではこのような例を多く示して学生の練習としている）．$\frac{0}{0}$ などが現れたからといって，「関数の極限は存在しない」と早合点してはいけない．$\frac{0}{0}$ などは**不定形**と呼ばれる状態であって，「まだ結論をだせない状態」であることを意味しているのである．したがって，もっと工夫をして結論をだすようにしなければならない．実際，分数関数では，分母と分子を「0 や ∞ にならない式」で割るなどの操作によって，不定形から脱出する例を教科書で学ぶことになる．不定形の種類はここであげた例以外にもある．

3.1 微分とは何か

【極限をとる経路】 数直線上の数 a への近づき方には，「左側からの接近と右側からの接近」があることは納得できると思う．同様に，実数においても，極限 $x \to a$ をとるとき，その近づき方には「a より小さい側からの接近」と「a より大きい側からの接近」の 2 つがあることは理解できるであろう（実数と数直線を同一視できることをすでに学んでいる）．このため，近づき方を明示しない場合の極限値では，2 つの近づき方に対して「極限が存在して両方の極限値が一致すること」が必要になる．

3 ページの【数の大小】で述べたように，「無限」（正しくは，プラス無限あるいはマイナス無限）は数に含めないことになっている．したがって，「極限は無限になる」といういい方は許されるが，「極限値は無限大である」といういい方は許されず，この場合には「極限値は存在しない」といわなければならないのである．この辺りがゴチャゴチャになっていることがよく見受けられる．なお，極限が「無限」になる場合は，**発散する**ともいう．

勘違いしてはならないことは，片側からの極限の議論は可能なことである．例えば，a より大きい側からの極限「$x \to a+0$」や a より小さい側からの極限「$x \to a-0$」をそれぞれ個別に考えることができるのである．ただし，その近づき方のどちらであるのかをきちんと示しておかなければならない．例えば，なじみのある関数 $y = \dfrac{1}{x}$ のグラフは 62 ページの図 2.14 のように表され，$x = 0$ で関数は定義されていないことは知っている．実際，正の側からの極限「$x \to 0+0$ ($x \to +0$ とも表す)」は第 1 象限にあるグラフに対してだけ考えることができ，負の側からの極限「$x \to 0-0$ ($x \to -0$ とも表す)」は第 3 象限にあるグラフに対してのみ考えることができる．ただし，どちらも発散し，その符号は異なっている．

また，部分的に極限が存在しない範囲があったとしても，極限を考える対象を「関数」とすることで，はじめて極限の議論が可能となる．なぜならば，同じ x に対して複数個の y が定まるような式を相手にしたのでは，極限を考える意味がないからである．

◆ **関数の連続性** いま,式 (3.13) において,$a+h=x$,つまり $h=x-a$ とおくと,$h \to 0$ のとき,$x \to a$ であるから,式 (3.13) は

$$\lim_{x \to a} \frac{f(x) - f(a)}{x - a} \tag{3.14}$$

と書き表すことができる.

いままでに述べてきたさまざまな関数 $y = f(x)$ においては,図 3.10 に示すように,$f(x)$ が定義域内の x の値 a に対して,x が a の値に,大小いずれの側から近づいたとしても

$$\lim_{x \to a} f(x) = f(a) \tag{3.15}$$

が成り立つものであった.

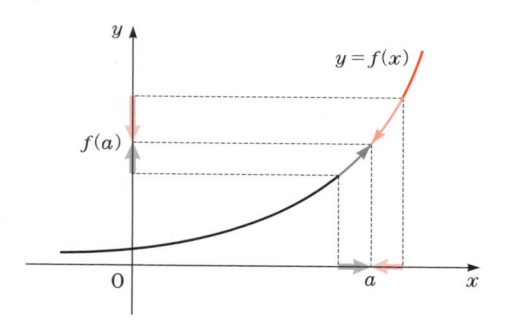

図 3.10 極限値 $f(a)$ の図示

しかし,関数(グラフ)によっては,その関数の定義域(変数がとる範囲)において,式 (3.15) が成り立たない場合もある.

例えば,図 3.11(a)のように極限値 $\lim_{x \to a} f(x)$ が存在しない場合,(b)のように極限値が1つに定まらない場合,(c)のように極限値が存在しても,その値が $f(a)$ に等しくない場合である.(a)と(b)の場合,関数のグラフは $x = a$ で**不連続**である.つまり,グラフは $x = a$ でつながっていない.

一般に,関数 $y = f(x)$ において,その定義域の x の値 a に対して,"極限値 $\lim_{x \to a} f(x)$ が存在し,かつ,式 (3.15) が成り立つ" とき,関数 $f(x)$ は $x = a$ で**連続**であるという.このとき,$y = f(x)$ のグラフは $x = a$ でつながっている.

3.1 微分とは何か

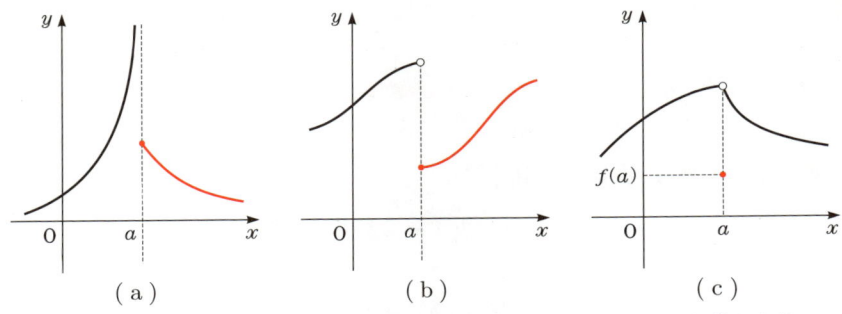

図 3.11 $\lim_{x \to a} f(x) \neq f(a)$ の関数（グラフ）．$x = a$ において関数が定義されていない点を ○，定義されている点を ● で表している．

例えば，$f(x) = \sqrt{x}$ の端 $x = 0$ における連続性を調べてみよう．

関数の定義域は $x \geqq 0$ であって $y = f(x) = \sqrt{x}$ のグラフは図 3.12 のようになる．グラフを見てしまうと極限の考え方を用いるまでもないのだが，あえて式を用いた手続で示すことにする．

$$\lim_{x \to +0} \sqrt{x} = 0, \quad f(0) = 0$$

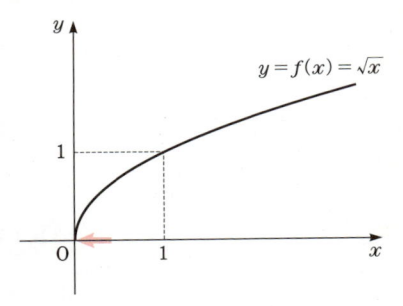

図 3.12 $y = \sqrt{x}$ の連続性

であり，$x \to -0$ は定義されていない．したがって

$$\lim_{x \to +0} f(x) = f(0)$$

となるので，$y = f(x) = \sqrt{x}$ は $x = 0$ において右側連続である．

ある定義域で，関数 $f(x)$, $g(x)$ が連続ならば，次の関数も連続である．

① $kf(x)$ （k は定数）

② $f(x) + g(x), \quad f(x) - g(x)$

③ $f(x) \cdot g(x), \quad \dfrac{f(x)}{g(x)} \;\; (g(x) \neq 0)$

3.2　微分法

◆ **微分と微分係数・導関数**　いままで曲線の傾きを求めることを考えてきたのであるが，図 3.13 を使ってそれを整理してみよう．

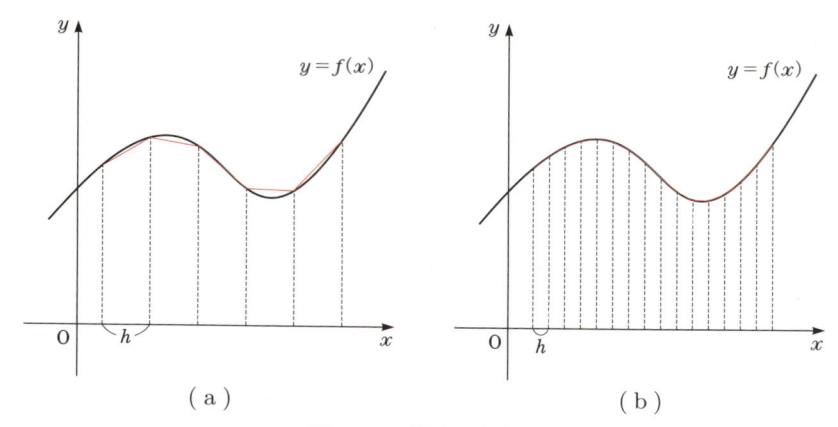

図 3.13　微分の考え方

一般的に，(a) のように $y = f(x)$ の曲線（直線は特殊な曲線である）を，x 軸方向に幅 h で刻んで，h に対応する曲線部分を直線とみなせば，その部分の傾きが求められる．「分割の思想」(94 ページ) で述べたように，この幅 h を (b) のようにどんどん小さくすればするほど，本当の曲線に近い直線となるので，より正確な傾きが得られることになる．この「幅 h をどんどん極限まで小さくする」ということが「$\lim_{h \to 0}$」であった．つまり，「$y = f(x)$ の各点での正確な傾きを求める」ということは「$\lim_{h \to 0} \dfrac{f(x+h) - f(x)}{h}$ を求める」ということなのである．

このように，「（曲線を）微小に分ける」ということが「微分」の根本的な考え方であり，結局，曲線の接線の傾きを求めることが微分の計算そのものなのである．そして，図 3.13 (b) のように，x 座標を極限まで細かく分けて，x の各点での接線の傾きを求めることを「x で**微分する**」という．そして，「関数

$y = f(x)$ を x で微分する」ということを

$$\frac{dy}{dx} \quad \text{あるいは} \quad \frac{d}{dx}f(x) \tag{3.16}$$

という記号で表す．記号の "d" は "differential（微分）" の頭文字で，この "$\frac{dy}{dx}$" を「ディーワイ，ディーエックス」と読む．そして，

$$\frac{dy}{dx} = \lim_{\Delta x \to 0} \frac{\Delta y}{\Delta x} \tag{3.17}$$

と定義される．ここで，Δx は "x の変化量"（図 3.13（b）の細かく刻んだ幅）で，Δy は，それに対応する "$y\ (= f(x))$ の変化量" である．式 (3.17) のように，Δx を 0 に極限まで近づけたとき，すなわち $\lim_{\Delta x \to 0}$ としたときの関数 $y = f(x)$ の極限を $y = f(x)$ の**微分係数**と呼ぶ．そして，式 (3.17) は

$$\frac{dy}{dx} = \lim_{\Delta x \to 0} \frac{\Delta y}{\Delta x} = \lim_{h \to 0} \frac{f(x+h) - f(x)}{h}$$
$$= \lim_{\Delta x \to 0} \frac{f(x + \Delta x) - f(x)}{\Delta x} \tag{3.18}$$

でもある．

【微分の記号】 微分係数を求める際に使われた $\frac{\Delta y}{\Delta x}$ は，Δy を Δx で割ったものである．したがって，計算途中で Δy と Δx をそれぞれ独立に扱うことは可能である．ところが，$\frac{\Delta y}{\Delta x}$ の極限をとった $\frac{dy}{dx}$ は「極限を表す 1 つの記号」に変化したものであって，dy を dx で割ったものではない．このため，dy と dx をバラバラに扱ってはいけない．ただし，後で学ぶ合成関数の微分 $\frac{dy}{dx} = \frac{dy}{du} \cdot \frac{du}{dx}$ では，右辺の 2 つの du を約分すると左辺が得られるように見える．このように，見かけ上，分数のように扱っても正しい結果が得られる場合があり，教科書でも，「形式的に扱う」ことわりをつけて説明している箇所がある（第 4 章で説明する置換積分などでも形式的に扱っても正しい結果が得られることを学ぶ）．しかし，基本的には 1 つの記号であることを忘れてはいけない．

このように,「$y = f(x)$ の微分係数を求めること」が「y を x で微分すること」なのである．つまり，微分とは，$y = f(x)$ の微分係数を求めることにほかならない．式 (3.18) から，微分係数は「関数の差」を「数 h」で割っただけであるから，微分係数も必ず関数になる．微分係数をもとの関数の**導関数**と呼び，$y = f(x)$ に対して $f'(x)$ あるいは y' という記号が使われる．つまり，

$$f'(x) = \lim_{\Delta x \to 0} \frac{\Delta y}{\Delta x} = \frac{dy}{dx} \tag{3.19}$$

である．そして，導関数を求めることが「微分する」ということでもある．

【問題 3.2】 次の関数を微分せよ．
（ 1 ）　$f(x) = x^3$　　（ 2 ）　$f(x) = x^2 + 3x - 5$　　（ 3 ）　$f(x) = ax + b$

◆ **微分の公式**　問題 3.1, 3.2 は $y = f(x)$ の導関数を求める，つまり「関数 $y = f(x)$ を x で微分する」練習だった．ここで，もとの関数 $f(x)$ と，その導関数 $f'(x)$ をまとめて表にしてみよう．

表 3.2　関数 $f(x)$ とその導関数 $f'(x)$

$f(x)$	$f'(x)$
ax	a
x^2	$2x$
$\frac{1}{2}gx^2$	gx
x^3	$3x^2$
$x^2 + 3x - 5$	$2x + 3$
$ax + b$	a

これらの結果から，もとの関数 $f(x)$ と，その導関数 $f'(x)$ との間に，どのような関係が見出されるか，表 3.2 を眺めて，じっくり考えていただきたい．

3.2 微分法

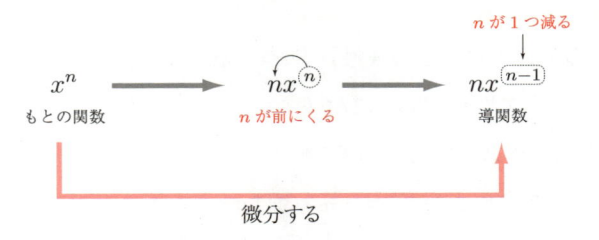

```
xⁿ  →  nx⁽ⁿ⁾  →  nx⁽ⁿ⁻¹⁾
もとの関数    nが前にくる    導関数
            (nが1つ減る)
         微分する
```

図 3.14 もとの関数と導関数との関係

　もとの関数と導関数との間には，図 3.14 に示すような関係があることに気づくだろうか．そして，具体的には，もとの関数と導関数との間に次のような「公式」が得られる（詳しくは，教科書を参照していただきたい）．

$$\left.\begin{array}{ll} f(x) = c \quad (c \text{ は定数}) & \longrightarrow \quad f'(x) = 0 \\ f(x) = ax \quad (a \text{ は定数}) & \longrightarrow \quad f'(x) = a \\ f(x) = ax^2 & \longrightarrow \quad f'(x) = 2ax \\ f(x) = ax^3 & \longrightarrow \quad f'(x) = 3ax^2 \\ \quad \vdots & \\ f(x) = ax^n & \longrightarrow \quad f'(x) = nax^{n-1} \end{array}\right\} \quad (3.20)$$

また，k が定数のとき

$$y = kf(x) \quad \longrightarrow \quad y' = kf'(x) \tag{3.21}$$

さらに

$$y = f(x) + g(x) \quad \longrightarrow \quad y' = f'(x) + g'(x) \tag{3.22}$$

$$y = f(x) - g(x) \quad \longrightarrow \quad y' = f'(x) - g'(x) \tag{3.23}$$

である．関数同士の積（掛け算）や商（割り算）で与えられる関数に対する微分法はややわかりにくいところがあるため，次項で詳しく示す．

> **【微分の公式を覚える必要性】** 関数の微分を求める基本式は式 (3.18) の右辺の式だけである．微分係数が存在する関数に対しては，計算過程の面倒さは別として，式 (3.18) の右辺を使いさえすれば微分は必ず求まる．しかし，実用上の面からは，煩雑な計算を避けるためにも，基本的な関数の導関数を覚えておくと便利である．ただし，公式だけを丸暗記するのではなく，それらを安心して使いこなすためにも，それらの公式の正当性（証明）は学んでおく必要がある．

【問題 3.3】 次の関数を微分せよ．
(1)　$y = 4x + 5$　　　　　　　　(2)　$y = 2x^2 + 3x - 4$
(3)　$y = x^3 + 3x^2 - x + 5$　　(4)　$y = 10 - 3x - 2x^2$

◆ **積と商の微分法**　いままでに，関数の和と差の微分について述べた．次に，2 つの関数 $f(x)$ と $g(x)$ の積と商の微分について考えてみよう．

まず，

$$y = f(x) \cdot g(x) \tag{3.24}$$

の微分について考える．

$\Delta x = h$ とすれば，

$$\Delta y = f(x+h) \cdot g(x+h) - f(x) \cdot g(x) \tag{3.25}$$

である．式 (3.25) を変形すると

$$\Delta y = f(x+h) \cdot g(x+h) \underline{- f(x) \cdot g(x+h) + f(x) \cdot g(x+h)} - f(x) \cdot g(x)$$
$$\ \ {\scriptsize ↳ = 0}$$
$$= \{f(x+h) - f(x)\} \cdot g(x+h) + f(x) \cdot \{g(x+h) - g(x)\}$$

となるから，

$$\frac{\Delta y}{\Delta x} = \frac{f(x+h) - f(x)}{h} \cdot g(x+h) + f(x) \cdot \frac{g(x+h) - g(x)}{h}$$

ここで，$h \to 0$ とすると，

$$\lim_{h \to 0} g(x+h) = g(x)$$

$$\lim_{h \to 0} \frac{f(x+h) - f(x)}{h} = f'(x)$$

$$\lim_{h \to 0} \frac{g(x+h) - f(x)}{h} = g'(x)$$

であるから

$$y' = \lim_{h \to 0} \frac{\Delta y}{\Delta x} = f'(x) \cdot g(x) + f(x) \cdot g'(x) \tag{3.26}$$

が求まる．つまり，

$$\{f(x) \cdot g(x)\}' = f'(x) \cdot g(x) + f(x) \cdot g'(x) \tag{3.27}$$

となり，これが**積の微分法の公式**である．

次に，$y = \dfrac{1}{f(x)}$ の微分について考えよう．

$\Delta x = h$ とすれば

$$\Delta y = \frac{1}{f(x+h)} - \frac{1}{f(x)} = \frac{f(x) - f(x+h)}{f(x+h) \cdot f(x)}$$

であるから

$$\frac{\Delta y}{\Delta x} = \frac{1}{f(x+h) \cdot f(x)} \cdot \frac{f(x) - f(x+h)}{h}$$

ここで，

$$\lim_{h \to 0} f(x+h) = f(x), \quad \lim_{h \to 0} \frac{f(x+h) - f(x)}{h} = f'(x)$$

したがって

$$y' = \lim_{\Delta x \to 0} \frac{\Delta y}{\Delta x} = -\frac{f'(x)}{\{f(x)\}^2}$$

つまり

$$\left\{\frac{1}{f(x)}\right\}' = -\frac{f'(x)}{\{f(x)\}^2} \tag{3.28}$$

の公式が得られる．

次に，$\dfrac{g(x)}{f(x)}$ の微分を考えよう．式 (3.28) が基本になる．

$$y' = \left\{\frac{g(x)}{f(x)}\right\}' = \left\{g(x)\cdot\frac{1}{f(x)}\right\}'$$

ここで，積の公式 (3.27) を使って

$$y' = g'(x)\cdot\frac{1}{f(x)} + g(x)\cdot\left\{\frac{1}{f(x)}\right\}'$$

さらに，公式 (3.28) を使って

$$\begin{aligned}
y' &= g'(x)\cdot\frac{1}{f(x)} + g(x)\cdot\left[-\frac{f'(x)}{\{f(x)\}^2}\right]\\
&= g'(x)\cdot\frac{1}{f(x)} - g(x)\cdot\frac{f'(x)}{\{f(x)\}^2}\\
&= \frac{g'(x)\cdot f(x) - g(x)\cdot f'(x)}{\{f(x)\}^2}
\end{aligned}$$

が得られる．つまり

$$\left\{\frac{g(x)}{f(x)}\right\}' = \frac{g'(x)\cdot f(x) - g(x)\cdot f'(x)}{\{f(x)\}^2} \tag{3.29}$$

となり，これが**商の微分法の公式**である．

【問題 3.4】　次の関数を微分せよ

(1)　$y = (3x - 1)(x^2 + 2x + 3)$

(2)　$y = (x^2 - x + 2)(x^2 + x - 2)$

(3)　$y = (x^2 + x)(x^3 + x^2)$

(4)　$y = \dfrac{1}{x+1}$　　　(5)　$y = \dfrac{x+2}{2x+1}$　　　(6)　$y = \dfrac{2x-1}{x^2+1}$

3.2 微分法

◆ **合成関数の微分法**　ちょっとややこしい**合成関数の微分法**について考えてみよう．合成関数については，86 ページで復習していただきたい．

2 つの関数

$$y = f(u) \tag{3.30}$$

$$u = g(x) \tag{3.31}$$

の合成関数

$$y = f(g(x)) \tag{3.32}$$

は x の関数であり，これから $\dfrac{dy}{dx}$ を求めようとするのである．

$u = g(x)$ で，x の増分 Δx に対する u の増分を Δu，$y = f(u)$ で，u の増分 Δu に対する y の増分を Δy とすると

$$\Delta u = g(x + \Delta x) - g(x) \tag{3.33}$$

$$\Delta y = f(u + \Delta u) - f(u) \tag{3.34}$$

【**合成関数の議論における工夫**】　86 ページでは「$g(f(x))$ を $f(x)$ と $g(x)$ の合成関数という」と述べたが，合成関数を考える場合の $f(x)$ と $g(x)$ の変数 x の意味はまったく異なっており，区別されるものである．したがって，式への操作（例えば，微分することなど）を考える場合，ともに同じ x を使ったのではどちらの関数について議論しているのか区別がつかなくなってしまい，混乱が生じる．このため，本書では，式 (3.30), (3.31) において記号 u を仲立ちとすることで，2 つの関数の区別とともに主従関係が明確につくような工夫がなされている．もちろん u 以外の記号を用いてもよい．

なお，合成関数の微分公式は，二段構えの式になっており複雑そうに見えるが，具体的な関数に対して計算を実行してみると，その有効性が実感できるはずである．

である．

$$\frac{dy}{dx} = \lim_{\Delta x \to 0} \frac{\Delta y}{\Delta x} = \lim_{\Delta x \to 0} \left(\frac{\Delta y}{\Delta u} \cdot \frac{\Delta u}{\Delta x} \right) = \lim_{\Delta x \to 0} \frac{\Delta y}{\Delta u} \cdot \lim_{\Delta x \to 0} \frac{\Delta u}{\Delta x}$$

ここで，式 (3.33) より，$\Delta x \to 0$ のとき，$\Delta u \to 0$ だから

$$\frac{dy}{dx} = \lim_{\Delta u \to 0} \frac{\Delta y}{\Delta u} \cdot \lim_{\Delta x \to 0} \frac{\Delta u}{\Delta x} = \frac{dy}{du} \cdot \frac{du}{dx} \qquad (3.35)$$

という**合成関数の微分法の公式**が得られる．また，

$$\frac{dy}{du} = f'(u), \quad \frac{du}{dx} = g'(x) \qquad (3.36)$$

だから，式 (3.35), (3.36) より

$$\{f(g(x))\}' = f'(g(x)) \cdot g'(x) \qquad (3.37)$$

と書き表すこともできる．

【問題 3.5】 次の関数を微分せよ．
（1） $y = (2x+1)^4$ 　　　　（2） $y = \left(x - \dfrac{1}{x}\right)^3$

合成関数の微分法の応用として，$y = \{f(x)\}^n$ の微分を考えてみよう．
$u = f(x)$ とおくと，$y = u^n$ だから，公式 (3.35) を使って

$$\frac{dy}{dx} = \frac{dy}{du} \cdot \frac{du}{dx} = n \cdot u^{n-1} \cdot f'(x) = n\{f(x)\}^{n-1} \cdot f'(x)$$

つまり，

$$[\{f(x)\}^n]' = n\{f(x)\}^{n-1} \cdot f'(x) \qquad (3.38)$$

という公式が得られる．

【問題 3.6】 公式 (3.38) を使って，問題 3.5 の関数を微分せよ．

◆ **逆関数の微分法** "逆関数"がいかなる関数なのかについては，82 ページで述べたので，念のために復習していただきたい．

逆関数を復習したところで，関数 $f(x)$ の逆関数 $f^{-1}(x)$ の微分法について考えよう．ある意味では，前項で述べた合成関数の応用と考えることもできる．

82 ページで述べた逆関数の具体例からもわかるように，一般に

$$y = f^{-1}(x) \quad \text{のとき} \quad x = f(y) \tag{3.39}$$

であるから，式 (3.39) の両辺を x の関数と考え，それぞれを微分する．左辺の微分には，前項の合成関数の微分を適用すればよい．

$$\text{左辺}: \frac{d}{dx}x = 1, \quad \text{右辺}: \frac{d}{dx}f(y) = \frac{d}{dy}f(y) \cdot \frac{dy}{dx} = \frac{dx}{dy} \cdot \frac{dy}{dx}$$

よって，$1 = \dfrac{dx}{dy} \cdot \dfrac{dy}{dx}$ となり

$$\frac{dy}{dx} = \frac{1}{\dfrac{dx}{dy}} \tag{3.40}$$

という**逆関数の微分法の公式**が得られる．

この公式 (3.40) は，例えば，$y = \sqrt[5]{x}$ のような関数の微分に応用できる[注2]．

$$y = \sqrt[5]{x} = x^{\frac{1}{5}} \quad \longrightarrow \text{両辺を 5 乗する} \quad x = y^5$$

であるから，

$$\frac{dy}{dx} = \frac{1}{\dfrac{dx}{dy}} = \frac{1}{5y^4} = \frac{1}{5(x^{\frac{1}{5}})^4} = \frac{1}{5x^{\frac{4}{5}}} = \frac{1}{5\sqrt[5]{x^4}}$$

【問題 3.7】 次の関数を微分せよ．
（1） $y = \sqrt{x}$ （2） $y = \sqrt[3]{x}$

[注2] 本書では，関数 $y = x^\alpha$ の微分について，指数 α が自然数の場合（103 ページ）しか述べていないが，α が実数の場合にも $(x^\alpha)' = \alpha x^{\alpha-1}$ の公式が成り立っている．

◆ **高次導関数** 一般に，関数 $f(x)$ を次々に微分していくと，関数の列

$$f(x) \xrightarrow{\text{微分する}} f'(x) \xrightarrow{\text{微分する}} \underbrace{f''(x) \xrightarrow{\text{微分する}} f'''(x) \xrightarrow{\text{微分する}} \cdots}_{\text{高次導関数}}$$

が得られる．

　この場合，$f'(x)$ を **1 次導関数**，$f''(x)$ を **2 次導関数**，$f'''(x)$ を **3 次導関数**，… と呼び，2 次以上の導関数は一般に**高次導関数**と呼ばれる．

　例えば，$y = f(x)$ の 2 次導関数は，$f''(x)$ の他に

$$y'', \quad \frac{d^2 y}{dx^2}, \quad \frac{d^2}{dx^2} f(x)$$

のようにも書き表される．

　一般に，関数 $y = f(x)$ を n 回微分して得られる関数を，$f(x)$ の **n 次導関数**といい，

$$f^{(n)}(x), \quad y^{(n)}, \quad \frac{d^n y}{dx^n}, \quad \frac{d^n}{dx^n} f(x)$$

のように書き表される．

　例えば，2 次導関数がもつ具体的な意味について，すでに述べた自由落下する物体の時間 (t) と落下距離 (y) との関係 (図 3.2 参照) を起点に考えてみよう．問題 3.1（3）の解答で述べたように落下時間 t と落下距離 y との間には

$$y = f(t) = \frac{1}{2} g t^2 \qquad (3.41)$$

の関係がある．この関係をグラフで表せば，図 3.15（a）のようになる．

【微分の記号】　ダッシュの個数で微分の「次数」を示すことになっているが，4 次以上の微分については $f^{(4)}(x)$ のように括弧付きの数字で表すことが多い．なお，ダッシュや括弧付きの数字の位置が，逆関数を表す $^{-1}$ の位置と同じであるため，逆関数 $f^{-1}(x)$ の場合には，$\{f^{-1}(x)\}^{(4)}$ のように表す．添字の括弧をつけ忘れるとまったく意味が違ってしまう（累乗の意味になってしまう）．

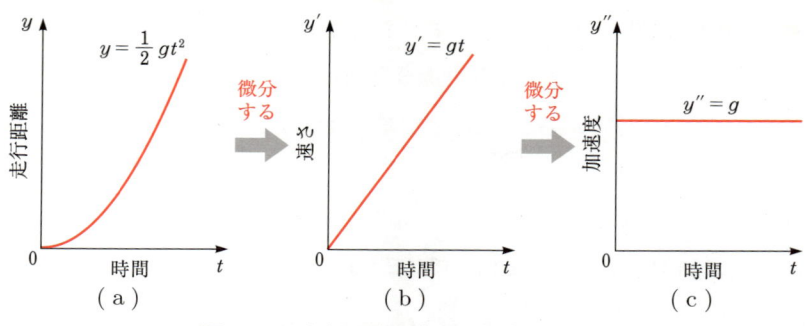

図 3.15 走行距離・速さ・加速度の関係

　図 3.1, 3.3, 3.5〜3.7 で説明したように，単位時間当りの走行距離である**速さ**（式 (3.1) 参照）は曲線の傾き，より正確には接線の傾きで与えられ，速さを表す式は，図 3.15 (b) に示すように式 (3.41) を時間 t について微分することで求めることができる．つまり

$$y' = gt \tag{3.42}$$

である．
　また，単位時間当りの速さの変化を意味する**加速度**は，図 3.15 (c) に示すように，式 (3.42) を時間 t について微分することで求められる．つまり

$$y'' = g \tag{3.43}$$

であり，この定数 g が**重力の加速度**と呼ばれるものである．

【問題 3.8】 次の関数の 3 次導関数を求めよ．
(1)　$f(x) = 2x^3 - 3x^2 + 4$　　　(2)　$f(x) = 3x^4 + 2x^3 - x^2 + 5$
(3)　$f(x) = \dfrac{1}{3x}$　　　　　　　(4)　$f(x) = \dfrac{1}{x^3}$

◆ **微分可能性**　いままで，さまざまな関数を"微分"してきた．しかし，実は，すべての関数が定義域全体で**微分可能**なわけではない．

話が前後するようであるが，"微分する"ということを原点に戻って考えてみたい．

図 3.5, 3.6 で説明したように，$x = a$ を含む区間で定義された関数 $f(x)$ について，式 (3.13), (3.18), (3.19) で定義された極限値

$$f'(a) = \lim_{h \to 0} \frac{f(a+h) - f(a)}{h} \tag{3.44}$$

を $f(x)$ の $x = a$ における**微分係数**と呼んだ．

式 (3.44) をあらためて図示すれば図 3.16 のようになる．式 (3.44) および図 3.16 で $h \to 0$ ということは点 P → 点 A ということである（図 3.6 参照）．また，$a + h = x$，つまり $h = x - a$ とおくと，$h \to 0$ のとき，$x \to a$ であるから，式 (3.44) は式 (3.14) にならって

$$f'(a) = \lim_{x \to a} \frac{f(x) - f(a)}{x - a} \tag{3.45}$$

と書き表すことができる．

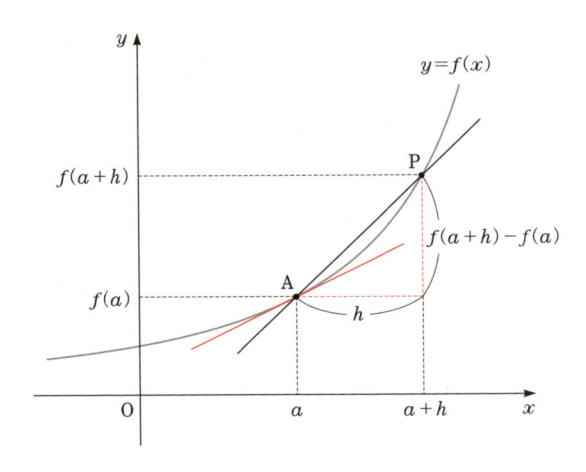

図 3.16　微分係数の図示

$f'(a)$ が存在するとき，関数 $f(x)$ は**微分可能**であるという．また，$f(x)$ が $x=a$ において微分可能であれば，$f(x)$ は $x=a$ において連続である（"連続"の意味については 98 ページ参照）．しかし，$f(x)$ が $x=a$ において連続であっても，微分可能であるとは限らない．

例えば，
$$y = f(x) = |x| \qquad (3.46)$$

のグラフは，図 3.17 に示すように，関数 $y=x\ (x \geqq 0)$ のグラフを y 軸に対称に折り曲げたもので，$x=0$ で連続である．

ところが，$x=0$ における右側 $(x>0)$ からの極限を $h \to +0$，左側 $(x<0)$ からの極限を $h \to -0$ で表せば

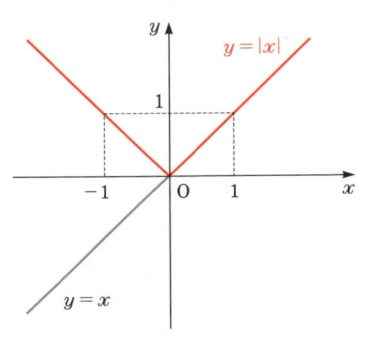

図 3.17 $y=|x|$ のグラフ

$$\lim_{h \to +0} \frac{f(0+h)-f(0)}{h} = \lim_{h \to +0} \frac{|h|}{h} = \lim_{h \to +0} \frac{h}{h} = 1$$

$$\lim_{h \to -0} \frac{f(0+h)-f(0)}{h} = \lim_{h \to -0} \frac{|h|}{h} = \lim_{h \to -0} \frac{-h}{h} = -1$$

となり，$x=0$ において，$h \to +0$ の極限値と $h \to -0$ の極限値が一致しないので，$f'(0)$ は存在しない．つまり，$f(x)=|x|$ は $x=0$ で微分可能ではない．

◆ **微分法の公式** 以下，本節で触れなかった関数も含め，重要な関数の微分法の公式[注3]をまとめておく．詳しくは，教科書を参照されたい．

$$(x^n)' = nx^{n-1} \qquad (\sin x)' = \cos x \qquad (\cos x)' = -\sin x$$
$$(\tan x)' = \frac{1}{\cos^2 x} \qquad (\log x)' = \frac{1}{x} \qquad (\log_a x)' = \frac{1}{x \log a}$$
$$(e^x)' = e^x \qquad (a^x)' = a^x \log a$$

[注3] 底が示されていない対数は自然対数を表す．例えば，$\log x$ は $\log_e x$ である．

【判定の十分性】 関数が $x=a$ で「微分可能」ならば，その関数は $x=a$ で「連続」であることが保証されることを説明した．しかし，本文で述べたように，関数が連続であっても微分可能でないものがあり，このことから，「微分可能性」だけによって関数の連続性の判断を下してはいけないのである．

本文では触れなかったが，関数の「連続性」とは異なる性質に対しては，「微分可能性」によって判断が下せるものがある．それは関数の「曲がりぐあい」である．$x=a$ で微分可能であれば，関数は $x=a$ で「尖っていない」のである．日常生活では，「尖っていない」＝「滑らか」ということになっているが，数学では「滑らか」という用語は，無限回微分可能のときにしか使わないことになっている．したがって，教科書では「滑らか」という用語が使われていないことに気づくと思う．数学以外の分野では，「尖っていない」＝「滑らか」という使われ方がされているかも知れない．用語は分野によってかなり異なることが多いことも事実であるので注意が必要である．

【数学の定理における条件】 微分積分の教科書の中で，関数に対して「閉区間 $[a,b]$ で連続で，開区間 (a,b) で微分可能ならば」という条件が課せられている定理を多く目にするはずである．数学的にははずすことのできない条件であるが，この条件が最重要なわけではない．

ここまでの説明でもわかるように，関数が「連続でない」と，その箇所で何かと病的なことが起きることを見てきた．この病的状況は関数によって異なる（すなわち「多様な」）ことが多いため，「連続でない」状態を含めた形で定理をまとめることができないのである．したがって，連続な部分に限定せざるをえないのである．さらに，区間を限定したため，区間の両端での議論が発生し，「微分可能」の範囲から区間の両端がはずされなければいけないのである（両端では，片側からの議論しかできないため微分可能性の議論が不成立となってしまう）．

3.3 微分法の応用

◆**接線と法線**　そもそも"微分"という概念の導入において，考え方の"原点"ともいうべきものが曲線の"傾き"をいかに正確に求めるか，ということだった（図 3.5 参照）．そのときに登場したのが**接線**である（図 3.6 参照）．

あらためて，図 3.18 を参照しながら接線を定義し，その方程式を求めよう．

関数 $y = f(x)$ が $x = x_1$ で微分可能なとき，グラフ上の点 $\mathrm{P}(x_1, y_1)$ を通る傾き $f'(x_1)$ の直線を点 P における接線と呼ぶのである．もちろん，$y_1 = f(x_1)$ である．

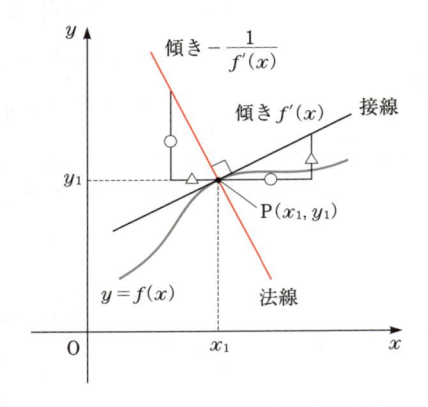

図 3.18　関数 $f(x)$ の接線と法線

したがって，曲線 $y = f(x)$ 上の点 $\mathrm{P}(x_1, y_1)$ における接線の方程式は

$$y - y_1 = f'(x_1)(x - x_1) \tag{3.47}$$

となる．

また，点 $\mathrm{P}(x_1, y_1)$ における接線に垂直で，点 P を通る直線を点 P における**法線**と呼ぶ．法線の方程式は，$f'(x_1) \neq 0$ のとき

$$y - y_1 = -\frac{1}{f'(x_1)}(x - x_1) \tag{3.48}$$

となる．

【問題 3.9】　次の曲線の点 $(0, 1)$ における接線と法線の方程式を求めよ．
（1）　$y = e^x$　　　（2）　$y = ax^2 + bx + c$　（a, $b\,(\neq 0)$, c は定数）

> **【法線の傾き】** 接線の傾きが $f'(x)$ であるとき,法線の傾きが $-\dfrac{1}{f'(x)}$ で与えられることは,図 3.18 の 2 つの直角三角形を比較すればわかる.なお,接線の傾きに対して法線の傾きに負の符号が含まれていることは,接線を 90 度回転することで法線が定まることからわかるはずである.式 (2.65)(81 ページ)も参照してほしい.法線の方程式についての議論は,ベクトルの性質を用いて,『線形代数』の講義で学ぶことも多い.

次に,方程式 (2.12) で与えられる楕円(図 3.19)

$$\frac{x^2}{a^2} + \frac{y^2}{b^2} = 1 \qquad (2.12)_\text{再}$$

上の点 $\mathrm{P}(x_1, y_1)$ における接線の方程式を求めてみよう.

接線の傾き y' を求めるために,まず,式 (2.12) の両辺を x で微分すると[注4]

$$\frac{2x}{a^2} + \frac{2y}{b^2} y' = 0$$

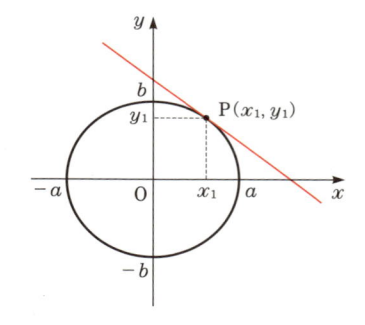

図 3.19 楕円の接線

となり,$y \neq 0$ のとき

$$y' = -\frac{b^2 x}{a^2 y}$$

が得られる.つまり,$\mathrm{P}(x_1, y_1)$ における式 (2.12) で表される楕円の接線の傾き y' は

$$y' = -\frac{b^2 x_1}{a^2 y_1} \qquad (\text{ただし},\ y_1 \neq 0)$$

[注4] 関数ではないものを微分することに疑問をもったかもしれない.ここでは,このことに目をつぶって読み進めてほしい.気になる読者は 130 ページの【陰関数】を参照していただきたい.

3.3 微分法の応用

となるので，$P(x_1, y_1)$ を通る接線の方程式

$$y - y_1 = -\frac{b^2 x_1}{a^2 y_1}(x - x_1) \tag{3.49}$$

が得られる（$y_1 = 0$ のときについては後で述べる）．

次に，式 (3.49) を，もう少し整った形に整理してみよう．

まず，式 (3.49) の両辺に $a^2 y_1$ を掛けることから始める．

$$a^2 y_1 (y - y_1) = -b^2 x_1 (x - x_1)$$
$$b^2 x_1 x + a^2 y_1 y = b^2 x_1{}^2 + a^2 y_1{}^2$$

両辺を $a^2 b^2$ で割り

$$\frac{x_1 x}{a^2} + \frac{y_1 y}{b^2} = \frac{x_1{}^2}{a^2} + \frac{y_1{}^2}{b^2} \tag{3.50}$$

が得られる．ここで，点 $P(x_1, y_1)$ は楕円 (2.12) 上の点であるから

$$\frac{x_1{}^2}{a^2} + \frac{y_1{}^2}{b^2} = 1 \tag{3.51}$$

である．したがって，式 (3.51) を (3.50) に代入すれば，**楕円の接線の方程式**は

$$\color{red}{\frac{x_1 x}{a^2} + \frac{y_1 y}{b^2} = 1} \tag{3.52}$$

という形で与えられる．

ところで，式 (3.49) は式の導出過程で $y_1 \neq 0$ としなければならなかったが，式 (3.52) は $y_1 = 0$（このとき，式 (3.51) から，$x_1 = \pm a$ であることに注意せよ）でも成り立ち，この場合の接線の方程式は

$$x = \pm a$$

となる．同様に，$x_1 = 0$（したがって，$y_1 = \pm b$）の場合は

$$y = \pm b$$

になる．これらの正当性は図 3.19 からも明らかであろう．

◆ **関数の増減**　関数 $y = f(x)$ において，x の値が増加するとき，y の値が増加したり，減少したりする様子は，図 3.20 に示すように，そのグラフが右上がりか，右下がりかでわかる[注5]．

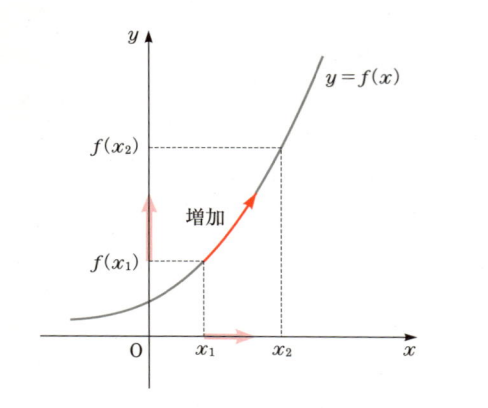

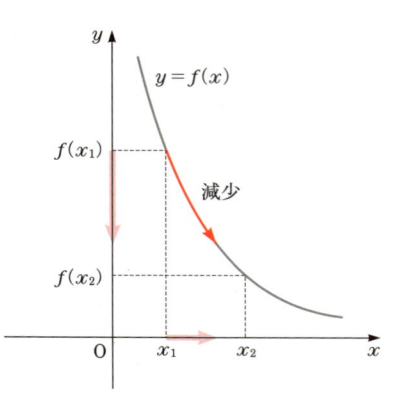

図 3.20 関数の増減

前者の場合は，　　$x_1 < x_2$　で　$f(x_1) < f(x_2)$

後者の場合は，　　$x_1 < x_2$　で　$f(x_1) > f(x_2)$

である．つまり，式 (3.5) や図 3.1 で定義したように

$$\frac{f(x_2) - f(x_1)}{x_2 - x_1}$$

は"傾き"であり，

$$\frac{f(x_2) - f(x_1)}{x_2 - x_1} > 0$$

の場合は，$y = f(x)$ が右上がり（増加）になり，

$$\frac{f(x_2) - f(x_1)}{x_2 - x_1} < 0$$

の場合は，$y = f(x)$ が右下がり（減少）になることがわかるだろう．

[注5] 本文の説明において，増加と減少の関数を同じ $f(x)$ で表すが，両者は当然異なるものである．一般論の形で，関数のあい対する性質を説明する場合などでは，同じ関数表示のままで説明が行われることが多い．

3.3 微分法の応用

ここで，前項で述べた「接線の方程式」のことを思いだしていただきたい．

関数 $y = f(x)$ の接線の傾きは $f'(x)$ で与えられるのであった．つまり，関数 $y = f(x)$ は

$f'(x) > 0$ となる x の値の範囲で，y の値は増加

$f'(x) < 0$ となる x の値の範囲で，y の値は減少

することになる．

以下，具体的ないくつかの関数の増減を見てみよう．

例えば，図 3.21 に示す 2 次関数 $y = f(x) = -x^2 + 4x$ の増減を考える．

$$f'(x) = -2x + 4 = -2(x-2)$$

であるから，

$x < 2$ で $f'(x) > 0$ となり，$f(x)$ は増加

$x > 2$ で $f'(x) < 0$ となり，$f(x)$ は減少

となる．

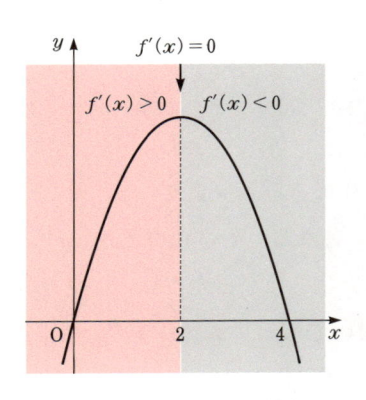

図 3.21 2 次関数の増減

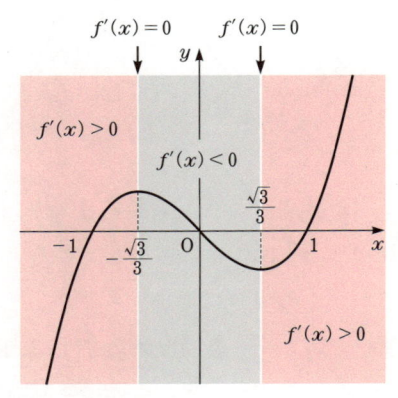

図 3.22 3 次関数の増減

次に，71 ページで述べた 3 次関数 $y = x^3 - x$（図 2.24）の増減について考えてみよう．

$$y = f(x) = x^3 - x \qquad (2.39)_{\text{再}}$$

$$f'(x) = 3x^2 - 1 = 3\left(x^2 - \frac{1}{3}\right) = 3\left(x + \frac{1}{\sqrt{3}}\right)\left(x - \frac{1}{\sqrt{3}}\right)$$
$$= 3\left(x + \frac{\sqrt{3}}{3}\right)\left(x - \frac{\sqrt{3}}{3}\right) \qquad (3.53)$$

となるから，$f'(x)$ の符号は

$$x < -\frac{\sqrt{3}}{3} \quad \text{で} \quad f'(x) > 0 \quad \text{つまり} \quad f(x) \text{ は増加}$$
$$-\frac{\sqrt{3}}{3} < x < \frac{\sqrt{3}}{3} \quad \text{で} \quad f'(x) < 0 \quad \text{つまり} \quad f(x) \text{ は減少}$$
$$x > \frac{\sqrt{3}}{3} \quad \text{で} \quad f'(x) > 0 \quad \text{つまり} \quad f(x) \text{ は増加}$$

となり，その様子は図 3.22 に示される．

次に，同じ 3 次関数ではあるが，図 2.22 に示した

$$y = f(x) = x^3 \qquad (2.37)_{\text{再}}$$

の場合を考える．

$$f'(x) = 3x^2 \qquad (3.54)$$

となり，$x \neq 0$ のとき，つねに $f'(x) > 0$ である．つまり，$x = 0$ のとき以外，$f(x) = x^3$ はつねに増加していることになる．$x = 0$ のとき，$f'(x) = 0$ となるが，この場合は増加が一時停滞した状態になっただけで，グラフは再び増加していく．一般的な関数 $f(x)$ においても，グラフの谷や山の頂点では必ず $f'(x) = 0$ になっているが，その逆は必ずしも成り立たない．すなわち，$f'(x) = 0$ であっても谷や山の頂点になるとは限らないのである．

3.3 微分法の応用

◆ **最大・最小** 図 2.12 に示される 1 次関数（直線）や図 2.14 の分数関数（双曲線）の場合，x の値の範囲を閉区間（124 ページのコラムを参照）として定めない限り，関数の値はいくらでも大きく，いくらでも小さくなる．つまり，これらの関数では**最大値**も**最小値**も定まらない．しかし，68 ページの図 2.21 で述べたように，x の値の範囲を定めない限り，2 次関数のグラフには最大値あるいは最小値のいずれか一方が存在する．この "最大"，"最小" というものを，いままで述べてきた接線，導関数 $f'(x)$ の考えを使って調べてみよう．

図 3.23 に $y = f(x) = ax^2 + bx + c$ のグラフと接線のいくつかを示す．

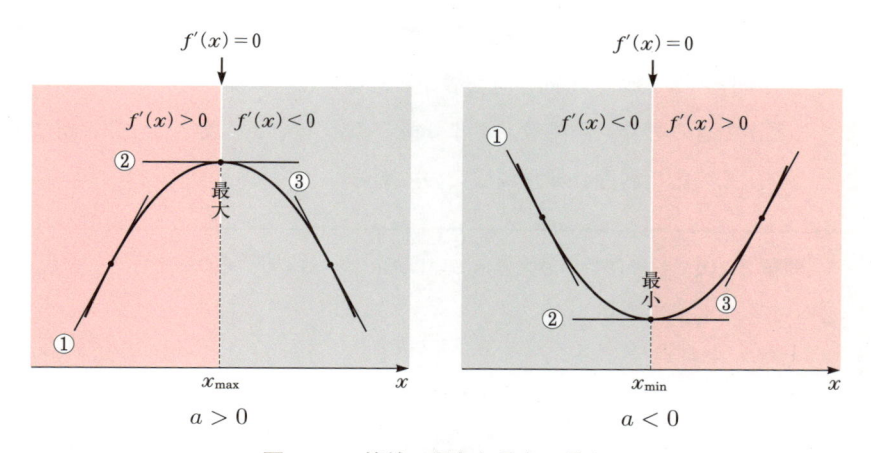

図 3.23 接線の傾きと最大・最小

$a < 0$ の場合，$y = f(x)$ のグラフの接線の傾きは x の値が大きくなるに従って ① → ② → ③ と変化し，

$$f'(x) \text{ は } (+) \to (0) \to (-) \text{ と変化する}$$

また，$a > 0$ の場合は

$$f'(x) \text{ は } (-) \to (0) \to (+) \text{ と変化する}$$

それぞれの図から明らかであるが，2 次関数の場合，傾きが 0，つまり $f'(x) = 0$ のとき，$y = f(x)$ は最大あるいは最小となる．$y = f(x)$ の最大値を与える点の x 座標を $x_{\max}$ とすれば，$f'(x_{\max}) = 0$，また同様に，最小値を

与える点の x 座標を $x_{\min}$ とすれば,$f'(x_{\min}) = 0$ である.この x の添え字 "max" と "min" はそれぞれ "maximum(最大)" と "minimum(最小)" の略字である.以上のことから,2 次関数では,次のことがいえる.

$f'(x) > 0$ のとき $f(x)$ は増加傾向(グラフは x の増加に対して上向き)

$f'(x) < 0$ のとき $f(x)$ は減少傾向(グラフは x の増加に対して下向き)

$f'(x) = 0$ のとき $f(x)$ は最大値 $f(x_{\max})$ または $f(x)$ は最小値 $f(x_{\min})$

93 ページで述べたように,自然現象に限らず,経済現象や社会現象を関数で表し,その導関数を調べることによって,最大値や最小値,あるいは現象の動向("上向き"なのか"下向き"なのか,あるいは"停滞"しているのか)を知ることができるので,導関数,つまり微分の考え方は,数学の分野に留まることなく,その応用範囲は非常に広いのである.

【問題 3.10】 次の関数の最大値あるいは最小値,および,それらを与える $x_{\max}$ あるいは $x_{\min}$ を求めよ.

(1) $y = f(x) = x^2 + 3x - 5$ (2) $y = f(x) = -3x^2 + x + 5$

◆ **極大・極小** 2 次関数の場合は図 2.21 のように最大か最小かのいずれか 1 個をもつだけなのであるが,図 3.24 に示す 3 次関数

$$y = f(x) = ax^3 + bx^2 + cx + d$$

の場合には,最大に似た"山"と最小に似た"谷"の両方をもつ.いま"〜に似た"と書いたのは,それらの"山"や"谷"が必ずしも最大あるいは最小を意味しないからである.このような場合

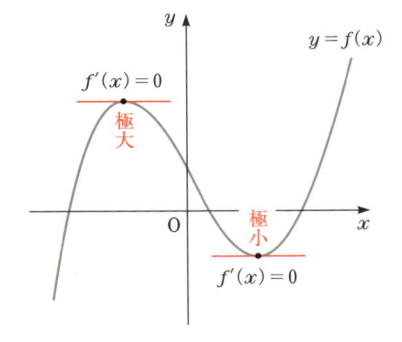

図 3.24 3 次関数の極大と極小

は，最大，最小の代りに**極大**，**極小**という言葉が使われる．極大，極小の場合も，それらが $f'(x) = 0$ となる点であることや，$f'(x) < 0$ や $f'(x) > 0$ の場合の関数の増減に関することも，最大，最小の場合と同じである．極大，極小となる関数値をそれぞれ**極大値**，**極小値**といい，両者をまとめて，単に**極値**ということもある．最大と最小は特別な極大と極小といってもよいかもしれない．

例えば，図 2.22 に示すように，関数 $f(x) = x^3 - x$ の場合，極大，極小を与える x の値はそれぞれ $x_{\max} = -\dfrac{\sqrt{3}}{3}$, $x_{\min} = \dfrac{\sqrt{3}}{3}$ で，極大値，極小値はそれぞれ $f(x_{\max}) = \dfrac{2\sqrt{3}}{9}$, $f(x_{\min}) = -\dfrac{2\sqrt{3}}{9}$ になる．

3 次関数の場合は，$f(x) = x^3$ のような x^2 と x の項をいずれも含まない関数のグラフ（図 2.22）を除き，図 3.24 に示したように極大と極小を 1 個ずつもつのであるが，さらにもっと一般的な関数では，図 3.25 のように，複数の極大，極小が現れる．この場合，極小よりも小さい極大や極大よりも大きい極小が存在することもある．

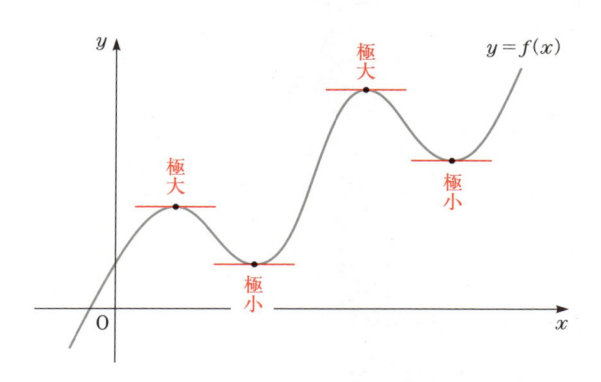

図 3.25 複数の極大と極小をもつグラフ

【問題 3.11】 次の関数の極大と極小を調べ，グラフの概形を描け．
（1） $y = f(x) = x^3 - 3x^2 - 9x + 4$ （2） $y = f(x) = x^3 - 12x$

【開区間における関数値】 区間には,「両端点を含むもの」,「両端点を含まないもの」,「片側だけの端点を含むも」がある.それぞれを「閉区間」,「開区間」,「半開区間」と呼ぶ.これらの区別は端点を囲む括弧の種類によって区別されている.端点を含むならば [,] を用い,端点を含まないならば (,) を用いる.半開区間は,[,) あるいは (,] となる.具体的な区間を示した場合,「閉・開・半開」の文字は省略されることが多い.

さて,区間 $[a, b]$ の端点 $x = a$ において,最小値をとる関数として 1 次関数 $y = 2x$ を考えよう.このとき最小値は $2a$ である.同じ 1 次関数に対して,区間 (a, b) で考えた場合,$x \to a + 0$ における関数の極限値は $2a$ として与えられ,区間内のどの関数値よりも小さい.したがって,この極限値を最小値としたいところであるが,残念ながら,極限値を関数値とすることができないのである(関数値は変数の値が明確に定まっているからこそ与えられるものであり,極限 $x \to a + 0$ は変数を a とするものではない).このため,数学では「関数は最小値をもたない」と判定することになる.この考え方は最大値や極値に対しても同様に適用される.

ここでの主題とは異なるが,つぎの問題を考えてみよう.

「区間 (a, b) で与えられている定数関数 $y = c$ の最大値と最小値は存在するか?」

通常ならば,山も谷もないわけであるから,「定数関数に最大値と最小値は存在しない」と答えたくなる.しかし,数学では「すべての点で最大値 c をとり,すべての点で最小値 c をとる」と判定することになっている.理由は,「関数値 c が存在しており,端点における極限値を含めてその c よりも大きいものは存在しないから,c は最大値である」と結論づけるのである(最小値に対しても同様).これらも,数学における特徴的な考え方の 1 つであり,日常的にはしっくりいかなくても,慣れるほかない.

◆ **方程式・不等式への応用** 導関数から $x_{\max}$, $x_{\min}$ を求め，もとの関数のグラフの概形を描くことは，方程式の実数解の個数を知ったり，不等式を証明したりする場合に応用できる．例えば

$$x^3 + 3x^2 + a = 0 \tag{3.55}$$

という方程式の実数解の個数が a の値によってどのように変わるか，前項で述べた極大・極小を応用して考えてみよう．

方程式 (3.55) の左辺を関数と考えたものを

$$y = f(x) = x^3 + 3x^2 + a \tag{3.55'}$$

とおく．また，新たな関数

$$y = g(x) = x^3 + 3x^2 \tag{3.56}$$

を設定すると

$$f(x) = g(x) + a \tag{3.57}$$

と表され，$f(x)$ のグラフは，$g(x)$ のグラフを y 軸方向に a だけ平行移動したものであることがわかるだろう．ここで，$f(x)$, $g(x)$ の導関数を求めると

$$f'(x) = 3x^2 + 6x = 3x(x+2) \tag{3.58}$$

$$g'(x) = 3x^2 + 6x = 3x(x+2) \tag{3.59}$$

となり，$x = 0, -2$ のとき，$f'(x)$ も $g'(x)$ も 0 になる．

これらの結果から $f(x)$, $g(x)$ の増減を表にまとめると右の表のようになる（このような表を**増減表**という）．

x	$\cdots$	-2	$\cdots$	0	$\cdots$
$g'(x)$	$+$	0	$-$	0	$+$
$g(x)$	↗	4	↘	0	↗
$f'(x)$	$+$	0	$-$	0	$+$
$f(x)$	↗	$4+a$	↘	a	↗

この増減表をもとに $y = g(x)$, $y = f(x)$ のグラフの概形を描くと，図 3.26 のようになる．方程式 (3.55) の実数解の個数は $y = f(x)$ のグラフの x 軸との交点（接点）の個数に等しいから

$-4 < a < 0$　　　　のとき　3 個

$a = -4,\ a = 0$　　　のとき　2 個

$a > 0$ または $a < -4$　のとき　1 個

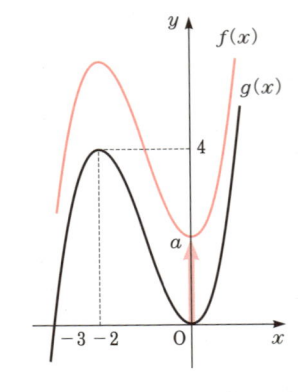

図 3.26　関数 $g(x)$ と $f(x)$ のグラフ

となる．

関数の値の増減を導関数を用いて調べることは，不等式の証明にも利用できる．

例えば，$-2 < x < 4$ において

$$x^3 \geqq 3x^2 + 9x - 27 \tag{3.60}$$

の不等式が成り立っているかどうかの証明を考えてみよう．

不等式 (3.60) を証明するには，$-2 < x < 4$ において

$$x^3 - (3x^2 + 9x - 27) \geqq 0 \tag{3.61}$$

を証明すればよい．これは，不等式の左辺を関数と見たてて，

$$f(x) = x^3 - 3x^2 - 9x + 27 \tag{3.62}$$

の最小値が $-2 < x < 4$ において，0 より大であること，つまり

$$f(x) \geqq 0 \tag{3.63}$$

を証明することに等しい．

3.3 微分法の応用

関数 (3.62) のグラフの概形を考えてみよう．

$f'(x) = 3x^2 - 6x - 9$
$= 3(x^2 - 2x - 3)$
$= 3(x-3)(x+1)$

x	-2	$\cdots$	-1	$\cdots$	3	$\cdots$	4
$f'(x)$	$+$	$+$	0	$-$	0	$+$	$+$
$f(x)$	25	↗	32	↘	0	↗	7

であるから，$f(x)$ の増減表を作ると右のようになる．

つまり，関数 (3.62) は $-2 < x < 4$ の範囲で最小値（同時に極小値）が 0 になるので，この範囲でつねに

$$f(x) \geqq 0$$

が成立し，不等式 (3.60) が証明されたことになる．

【問題 3.12】 容積 $500\,\text{cm}^3$ の升(ます)を作るとき，使用する材料が最小になるようにしたい．升の底（正方形）の 1 辺の長さと高さをいくらにすればよいか．ただし，材料の厚さは無視する．

【微分のグラフへの応用】 高校までに学んできた，関数 $y = f(x)$ のグラフの概形を描くための情報としては，y 軸とグラフとの交点である「y 切片（$f(0)$ の値である）」，x 軸とグラフとの交点である「x 切片（方程式 $f(x) = 0$ の解である）」などであろう．教科書の練習問題であれば，方程式 $f(x) = 0$ が解ける場合も多いが，3 次方程式をはじめとして，一般的に，方程式を解くことは困難になる．あとは，2 次関数であれば「頂点を求める公式」が使えるぐらいのものであった．

しかし，微分を応用すると，2 次関数以外の多くの関数に対して，「極値」として，グラフの頂点を求めることが可能となる．本書では触れていないが，高次微分を使うと，さらに多くの情報が得られる．詳しくは，教科書を参照していただきたい．

◆**広い土地・狭い土地**　ここまで読んできて，読者は「微分って，何だか難しそうに思っていたけど，意外に簡単ではないか」と思われたのではないだろうか（と，私は期待する）．また，無味乾燥な微分の計算には辟易していた読者にも「微分の考え方」や「微分の応用」に興味をもっていただけたのではないだろうか（と，私は期待する）．「微分」を勉強するにあたって最も重要なことは「微分の考え方」を理解することである．すでに何度も述べたことではあるが，「微分の考え方」は，数学の分野のみならず，物事一般を論理的，定量的に考える上で極めて有効だからである．

　次章で，本書の，もう1つの主要テーマである「積分」の話をするのであるが，その前にちょっとリラックスしていただきたい．

　ロシアの文豪・トルストイ（1817–1875）が書いた民話の中に『人はどれだけの土地がいるか』という，とても興味深い話がある．

　ある男が大地主の村長と，日の出から日没までに歩いて囲んだだけの土地をもらう約束をした．彼は日の出と同時に勇ましく出発する．歩くに従ってよい土地がどんどん開けてくるので，彼はどんどん歩く．昼頃になってやっと直角に曲がる．また彼はどんどん歩く．気がつくと日が沈みかかっているので，彼はあわてて死に物狂いになって出発点まで走る．その男は日没までに出発点に戻ることができたのであるが，息が切れて，そのまま倒れて死んでしまった．その男の遺体は穴を掘って埋められたのであるが，結局，彼が必要としたのは，自分の遺体を埋めるだけの，ほんの狭い土地であった，という話である．

　私がここで，この話を思いだしたのは，次のような問題を思いついたからである．この問題で，本章を締めくくりたい．

　長さ100mのロープで囲める四角形の土地をもらえることになった．一番広い土地をもらうには，どのような形の土地がよいだろうか．

3.3 微分法の応用

周囲が同じ 100 m でも，さまざまな形の四角形がある．縦，横それぞれ何 m にしたら，その土地の面積が最大になるか，という問題である．つまり，4 辺の長さの和が一定としたときの"最大値"を求める問題である．何となく"微分"が匂ってきたのではないだろうか．

図 3.27 のように，横を x [m] とすれば，周囲が 100 m であるから，縦は

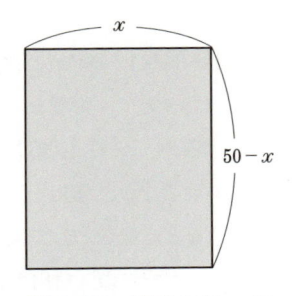

図 3.27 周囲 100 m の四角形

$$\frac{100 - 2x}{2} = 50 - x$$

となる．このとき，四角形の土地の面積 y は x の関数として

$$y = f(x) = x \cdot (50 - x) = 50x - x^2 \tag{3.64}$$

で与えられる．結局，この 2 次関数の最大値を求めることになる．

$$f'(x) = 50 - 2x$$

つまり，$x = 25$ のとき，$f'(x) = 0$ となり，$x_{\max} = 25$ のときに面積の最大値が与えられる．$x = 25$ を式 (3.64) に代入し，最大値 $25 \times 25 = 625$ [m] が得られる．周囲が同じ 100 m であれば，1 辺が 25 m の正方形が最大面積の形である[注6]．

読者のみなさんに，このような「土地をもらえる話」が舞い込んできたら，是非，ここで勉強した「微分」を思いだしていただきたい．「微分」の威力を実感し，本書で「微分」の勉強をしてよかったなあ，と思わずニコっとすることだろう．

[注6] 式 (3.64) が 2 次関数であることから，67 ページで述べた「頂点」を求める方法でも解ける．しかし，2 次関数に限定された方法よりも，一般的な関数に適用できる「微分」の方が，はるかに優れている．

【陰関数】 微分積分の定理などは「関数」を対象にしたものであることを述べ，一方で，物理などでよく扱われる円の方程式が関数でないことも述べた（58 ページの【関数】を参照）．このことは，関数だけを対象とした微分積分の理論では，応用上，不便であることを意味している．このため，円の方程式などを関数として扱えるように，考え方が改良されている．

116 ページの「楕円の接線」を求める場面がそうである．y を形式的に「x の関数」とみなして扱って，最終的には正しい結果が得られている．このような結果は，楕円の方程式の場合に限ったことではなく，もっと一般的な「方程式」に対しても成り立つものである．このような，微分積分の考え方が適用できる方程式 $f(x, y) = 0$ を**陰関数**と呼ぶのである（楕円の方程式を $f(x, y) = 0$ の形で表すことができることはすぐにわかるはずである）．陰関数に対して，$y = f(x)$ の形で表されている関数を**陽関数**と呼ぶこともある．

なお，方程式のすべてが陰関数として扱えるわけではない．

陰関数をグラフに描くと，「曲線」になっている．もし，曲線が交わったり尖ったりしていなければ，曲線上の点で接線がただ 1 つに定まることが理解できる．このことは，「関数の微分可能性」と同等な意味をもつことが期待できることになる．すなわち，いままで述べてきた関数に対する扱いが陰関数に対しても可能となるのである．これによって，応用への範囲はいちだんと広くなる．詳しくは教科書を参照していただきたい．ただし，陰関数に対する数学的議論は難しいために，軽く触れるに止めた教科書が多い．

陰関数に関係する話ではないが，$x = a$ と表された場合，いままでならば，数直線上の「点」と思うはずである．ところが，座標平面上の方程式として与えられた $x = a$ ならば，点ではなく，x 軸上の点 a を通り，x 軸に垂直な「直線」を意味することになる（y にかかわらず，x が一定なものは何であるかを考えてみよ．座標平面上の点は (a, b) と表す）．時と場合によって意味が変わるので，いまはどの場面で考えている方程式なのかを確かめて読む必要がある．なお，空間で与えられた方程式 $x = a$ は，平面を意味している．この辺りの議論は『線形代数』の講義で扱われることも多い．

第4章

積分

　本書を締めくくるのは,「微分」とならぶもう1つの"スター"である「積分」である.

　基本的に,積分は「面積」「体積」を求める,非常に便利な数学的手法なのであるが,その「応用範囲」はわれわれが日常的に思い浮かべる面積や体積をはるかに超えるものである.

　前章と同様に,ここでは「公式」の暗記や「計算」を重視しない.

　積分の"意味"と"考え方"を徹底的に理解していただきたい.微分・積分に限らず,数学の面白さを味わいつつ,数学を学ぶうえで最も大切なことは,"意味"を論理的に考えることである.

　この章を読み終えた後は,「積分なんて何だか難しそうだったけど,自分にも十分理解できた」と思うはずである.

4.1 積分とは何か

◆ **取りつくし法** 平面の面積を求める方法について考えてみよう．

例えば，図 4.1（a）や（b）のように矩形（長方形や正方形）あるいは矩形が組み合わされた形の場合は，単純に単位面積のものを総計することによって求めることができる．■で単位面積を表せば，（a）の場合は

$$■ \times a \times b = ab■$$

が総面積であり，■を $1\,\mathrm{m}^2$ とすれば，$ab\,\mathrm{m}^2$ が得られる．（b）のような場合も

$$■ \times 個数$$

で，全体の面積を正確に求めることができる[注1]．

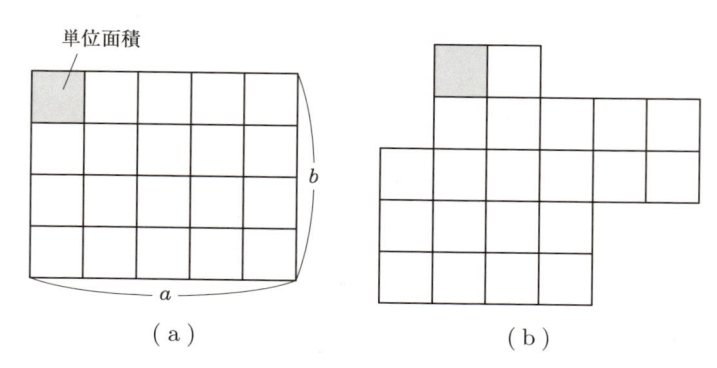

図 4.1 矩形の面積の求め方

ところが，図 4.2 のような非矩形の場合は，面積を求めるのが少々厄介である．例えば，（a）のように，図 4.1 で使った $1\,\mathrm{m}^2$ の単位面積の正方形を埋め

[注1] 「総計」の基本は「和をとる」ことである．（b）の場合，"縦に積まれた個数について，横方向の右向きに順番に和をとる" ことにすれば，$(3+5+5+4+2+2) \times ■ = 21■$ となる．この考え方が，本章の主題である「積分」の基礎となっていることが後でわかる．

込んでいっても，埋め込めるのは 17 個であり，その周囲にすき間（取り残し）ができてしまう．次に，このすき間に順次，小さな面積の正方形を埋め込んでいき，それらすべての正方形の面積を総計すれば，実際の面積にかなり近づくことができる．このような面積の求め方は**取りつくし法**と呼ばれ，古代エジプトなどで河原やデルタ地帯の面積を求めるとき，実際に使われていた．

(a)　　　　　　　　　　(b)

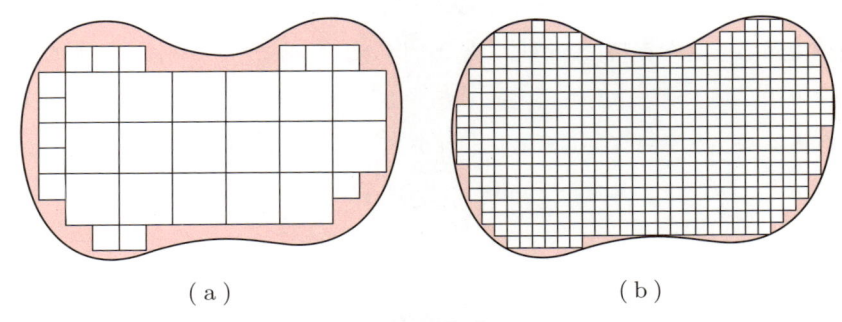

図 4.2　非矩形の面積の求め方（取りつくし法）

いずれにせよ，曲線で囲まれた面積を直線で囲まれた正方形（矩形）を使って正確に求めようとすること自体に無理がある．しかし，図 4.2（b）のように"単位"とする正方形を小さくすればするほど"すき間（取り残し）"が少なくなり，「取りつくし法」によって求められる面積が真の面積に近づくことは容易に理解できるだろう．

この「単位とする正方形をできる限り小さくする」ということが**積分**の基本的な考え方である．

微分は「微小に分ける」ということだったが，**積分**は「微小に分けたものを積み重ねる」，簡単にいえば「分けたものを積む」ということなのである．

何となく，微分と積分は"逆の操作"のような気がしないだろうか．実は，その通りなのである．

◆ **取りつくし法の数学的扱い**　このような「取りつくし法」を，より一般的に，また数学的に考えてみよう．

図 4.3 のように，ある平面図形を縦方向に平行に切って，幅 h の細い n 個の長方形に置き換える．そして，そのように分けたすべての長方形（n 個）の面積を足し合わせれば，図形の実際の面積に近くなるのであるが，このとき，長方形の幅 h を小さくすればするほど「取り残し」が少なくなり，n 個の長方形の総和が実際の面積に近づくことは，図 4.2 で述べたことと同じである．長方形の幅 h を極限まで小さくしたとき，長方形の面積の総和が実際の平面図形の面積に一致すると考えられる．これがまさしく積分の考え方の真髄なのである．$h \to 0$ のとき，つまり "$\lim_{h \to 0}$" のとき，$n \to \infty$（無限大）になる．

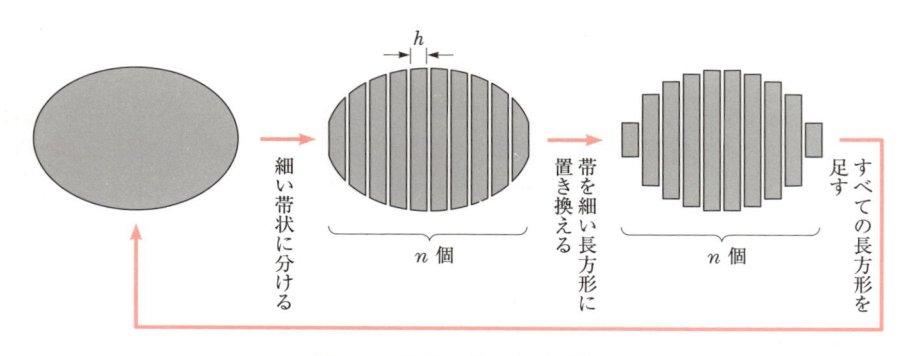

図 4.3　積分の考え方（面積）

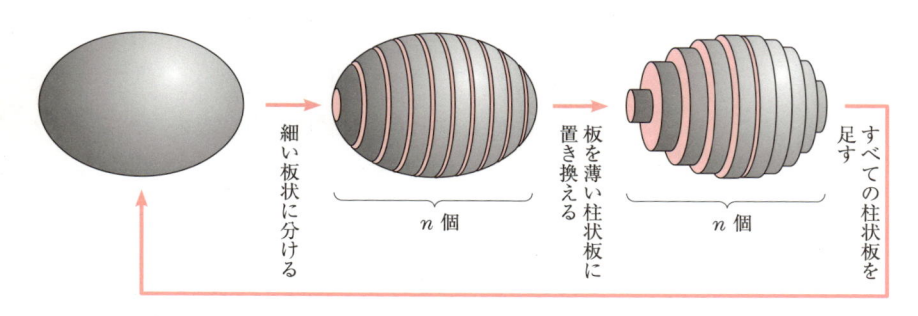

図 4.4　積分の考え方（体積）

読者は「あれっ，$\lim_{h \to 0}$ は前にもでてきたぞ」と思いだすだろう．その通り．微分のときに登場した"**極限**の概念"である．

図 4.3 の面積に対する"積分の考え方"は図 4.4 に示すように，立体の体積を求める場合にも，そのまま適用できるのである．

このように，面積や体積を細かに**区分**し，それらの和の極限として求める方法を**区分求積法**という．そして，このような考え方が，繰り返し述べたように，積分の源である．

いま，図形の面積あるいは立体の体積を求める場合の"積分の考え方"を述べたのであるが，次に，いよいよ，"関数の積分"という数学的な積分について述べよう．"関数の積分"は積分の応用範囲を格段に拡げる．

◆ **関数の積分** 図 4.5 に示すように，関数 $y = f(x)$ のグラフと，2 直線 $x = a$, $x = b$ および x 軸で囲まれた部分の面積を求めよう．

図形や土地の面積なら意味がわかるが，このような部分の面積を求めることにどのような意味があるのだ，という疑問が湧くかもしれないが，そのことについては，しばらく待っていただきたい．

さて，ここで，さっそうと登場するのが"積分"である．

考え方は図 4.3 で述べたことと同じである．

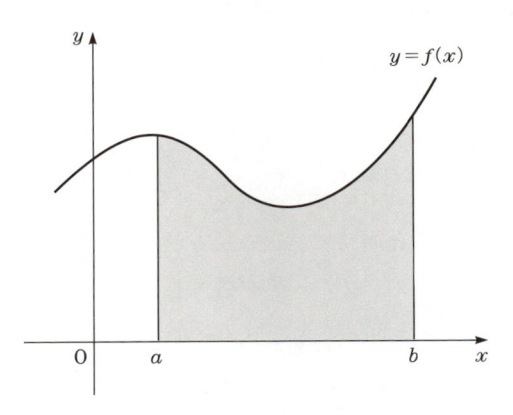

図 4.5 関数のグラフと直線によって囲まれた図形の「面積」

図 4.6 のように，求める面積の部分を幅 h の細い帯状に分け，それを同じ幅をもつ長方形で置き換える（われわれは，長方形の面積であれば，「縦 × 横」の積で簡単に求めることができる）．その長方形の総和が求める面積の近似値になるのである．このような数学的操作を「関数 $f(x)$ を x で積分する」というのであるが，特に，図 4.6 の場合は，x の範囲を $a \leqq x \leqq b$ に限っているので「関数 $f(x)$ を $x = a$ から $x = b$ までの範囲（間）で積分する」という．

これも一種の「取りつくし法」であるが，図 4.2 の場合には実際の面積に対し，"取り残し（不足分）" のみが生じるのに対し，図 4.6 の場合は置き換える長方形の選び方によって，"過（赤いアミカケの部分）" と "不足（白ヌキの部分）" が生じる．このような "過不足" の問題をより小さくするためには "積分の考え方" の根本にあるように，幅 h をより小さくすればよい．つまり，$\lim_{h \to 0}$ の "極限" を考えればよい．

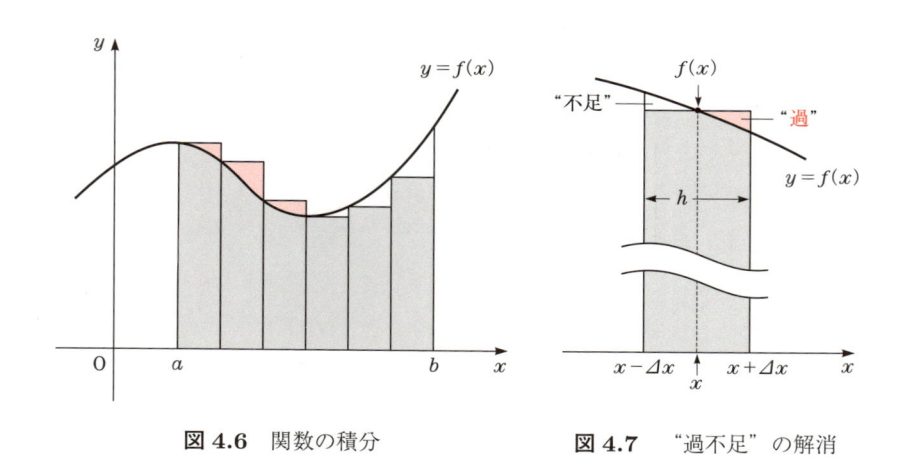

図 4.6 関数の積分　　　　　　**図 4.7** "過不足" の解消

幅 h をより小さくすると同時に，細い長方形の作り方にも工夫してみる．

図 4.6 の $y = f(x)$ のグラフの一部を拡大した図を図 4.7 に示す．一般に，関数 $y = f(x)$ のグラフは曲線であるが，その微小な部分はほとんど直線とみなすことができる．もちろん，グラフが本当の直線であれば，話は簡単で，わざわざ "積分" に登場してもらう必要はない．

細い長方形の "幅 h" の中点を表す x 軸上の値を "x" とし，$x+\Delta x$，$x-\Delta x$ を "幅 h" の両端にする（x は長方形ごとに定まるものであるが，Δx は各長方形に共通な幅の値である）．つまり，

$$h = (x+\Delta x) - (x-\Delta x) = 2\Delta x \tag{4.1}$$

である．さらに，長方形の縦方向の長さを "x" における関数値 $f(x)$ にとる．

このような長方形を作ると，図 4.7 に示すように，実際の面積と比べ，長方形の面積の "過" 分（赤いアミカケ）と "不足" 分（白ヌキ）とがほとんど等しくなる．図 4.7 に示される $y=f(x)$ のグラフが直線であれば，"過" と "不足" の両者は完全に等しくなる．つまり

(ⅰ) 　　　　　実際の面積 $\approx 2\Delta x$（横）$\times f(x)$（縦）

となる．

このとき，$\Delta x \to 0$ つまり $\lim_{h \to 0}$ とすれば

(ⅱ) 　　　　　実際の面積 $= \lim_{h \to 0} 2h \times f(x)$

といってもよいだろう．したがって，(ⅱ) で与えられる小さい面積を，$x=a$ から $x=b$ までについて和をとれば，全体の面積が得られる．

このような考えのもとに，「関数 $f(x)$ を $x=a$ から $x=b$ までの間で積分する」（図 4.6 参照）ということを

$$\int_a^b f(x)\,dx \tag{4.2}$$

という記号で表す．"$\int$（インテグラル）" は**積分記号**である．"dx" は "$\Delta x \to 0$"，つまり Δx を極限まで小さくする，という意味である．また "$\int f(x)\,dx$" は，「関数 $f(x)$ を x で積分する」という意味である．

以上のように，"積分" というものは，本来 "面積" の足し算なのである．面積を求めたい場所を無限に細かく分けて，その分けられた無限個の微小部分を足し合わせる，という **"仮想の足し算"** である．

> **【面積を求める極限】** 面積を求めるために区間幅を「$h \to 0$」としているため，薄板状の面積は「0」に近づいていく．一方で，矩形の個数は「無限」に近づいていく．このため，"「0」の無限個の和 = 0"になってしまうのでは，と解釈してはいけない．「**ほとんど 0**（0 ではない！）」の体積ではあるが，「無限に近い」個数の和をとることによって，ある値に近づいていき，その極限値が定積分の値になるのである．

4.2 積分法

◆ **積分計算** 積分の考え方については，すでに，十分に理解できたであろう．次に，具体的な関数の積分計算をしてみよう．

まず，x の値に関係なく一定値をとる，例えば図 4.8 に示す $y = f(x) = 10$ のような定数関数の積分である．

アミカケの部分の面積を求めるのであるが，もちろん，この場合には，何も"積分"などという大袈裟なものをもちだすまでもなく，面積は

$$(b-a) \times 10 = 10(b-a) \tag{4.3}$$

というように「横の長さ × 縦の長さ」で簡単に求まってしまうのであるが，これをあえて積分計算で求めてみようというのである．

式 (4.2) にならうと

$$\int_a^b f(x)\,dx = \int_a^b 10\,dx \tag{4.4}$$

と書けるのであるが，この式の意味を，図 4.8 を見ながら考えてみよう．

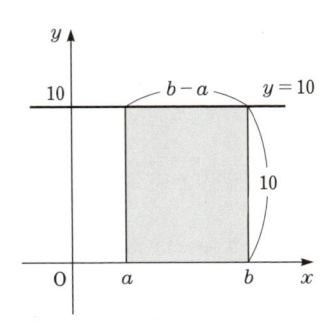

図 4.8 $y = 10$（定数関数）の積分

一般的な長方形の面積は式 (4.3) のように〔横〕×〔縦〕（あるいは〔縦〕×〔横〕）で求まるのであるが，図 4.8 のアミカケの長方形の面積は

$$[(10 \times b) \text{ の長方形の面積}] - [(10 \times a) \text{ の長方形の面積}] \tag{4.5}$$

と考えることができる．このことを記号 $\left[10x\right]_a^b$ で表すことにしよう．つまり

$$\left[10x\right]_a^b = 10b - 10a \tag{4.6}$$

ということで，式 (4.6) は式 (4.5) と同じことを意味する．

結局，式 (4.4) と式 (4.6) から

$$\int_a^b 10\,dx = \left[10x\right]_a^b = 10b - 10a = 10(b-a) \tag{4.7}$$

となる．これは，図 4.8 のアミカケの部分の面積を積分計算なるものを使って大袈裟に求めたものであるが，式 (4.3) で簡単に求めた結果と一致している（当然であるが）ことがわかるだろう．

次に，図 4.9 に示す 1 次関数 $y = f(x) = x$ のアミカケの部分の面積を求めてみよう．この面積は，式 (4.2) にならうと次のように与えられる．

$$\int_a^b f(x)\,dx = \int_a^b x\,dx \tag{4.8}$$

図 4.8 の長方形の場合と同様に考えれば，求めようとするアミカケの部分の面積は，△OBb（△は三角形を表す記号）の面積から △OAa の面積を引いたものである．いずれも直角二等辺三角形で，$y = x$ だから，この三角形の一般的な面積は $\frac{1}{2}x \cdot x = \frac{1}{2}x^2$ で表される．図 4.8 のときと同様に，「△OBb の面積から △OAa の面積を引いたもの」を

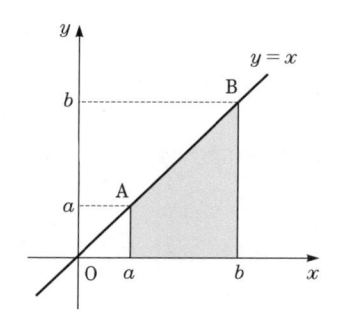

図 4.9 $y = x$ の積分

$$\left[\frac{1}{2}x^2\right]_a^b \tag{4.9}$$

で表すと

$$\int_a^b x\,dx = \left[\frac{1}{2}x^2\right]_a^b = \frac{1}{2}b^2 - \frac{1}{2}a^2 = \frac{1}{2}(b^2 - a^2) \tag{4.10}$$

が求まる．

上記の 2 つの例から，$\left[\right]_a^b$ 内の式もある関数 $F(x)$ と考えてよいから，

$$\int_a^b f(x)\,dx = \Big[F(x)\Big]_a^b = F(b) - F(a) \tag{4.11}$$

という積分計算の一般式が得られる．当然，$F(x)$ は $f(x)$ に対応して定まる関数である．そして，a をこの積分の**下端**，b を**上端**という．

この $f(x)$ と $F(x)$ との間に，何か具体的"関係"は見出せないだろうか．表にしてみると右のような関係が見えてくる．

$f(x)$	$\longleftrightarrow$	$F(x)$
定数	$\longleftrightarrow$	x
x	$\longleftrightarrow$	$\frac{1}{2}x^2$

まず，じっくり考えてみよう．何となく，表 3.1 や図 3.14 に示した「微分の公式」が思い浮かばないだろうか．その通りである．式 (4.11) においては

$$F'(x) = f(x) \tag{4.12}$$

の関係があるのである．

つまり，関数 $F(x)$ は「微分すると $f(x)$ になる関数」で，いい換えれば，「関数 $F(x)$ は関数 $f(x)$ を導関数にもつ関数」で，このような $F(x)$ を $f(x)$ の**原始関数**という．

図 3.14 に示したように，一般に，x^n を微分して得られる導関数は nx^{n-1} だから，逆に x^n の原始関数は

$$\frac{1}{n+1}x^{n+1} \tag{4.13}$$

4.2 積分法

となる．そして，式 (4.11) と式 (4.13) から

$$\int_a^b x^n \, dx = \left[\frac{1}{n+1} x^{n+1} \right]_a^b \tag{4.14}$$

という積分計算に関する公式が得られる[注2]．

【問題 4.1】 次の関数を $x=0$ から $x=5$ の範囲で積分せよ．
（1） $f(x) = x^2$　　　　（2） $f(x) = 2x^2 - x$

【不定積分と定積分を結びつける】 次の項できちんと述べるが，関数 $f(x)$ の「原始関数」のことを「関数 $f(x)$ の**不定積分**」という．不定積分は「微分の逆算」と定義されているため，「不定積分される関数（＝被積分関数）」に対して，「不定積分された結果の関数（＝原始関数）」の形は具体的に定まるものである．一方，定積分は「被積分関数 $f(x)$ と変数の微小量 dx の積 $f(x) \, dx$」の和をとったものとして定義されているため，被積分関数形 $f(x)$ が具体的に与えられていても，式 (4.11) が式 $F(x)$ の形を具体的に与えるものになっていない．原理は解決したが，具体的な計算ができない状況に陥っているのである．なお，式 (4.10) の $\frac{1}{2}x^2$ は，積分とは別の方法で求めたものであることに注意せよ．

この難点を解決してくれるものとして**微分積分の基本定理**と呼ばれる公式がある．この定理によって，定積分において $F(x)$ と表したものが「不定積分の原始関数」であることがわかり，さらに，定積分の上端，下端の数値 b, a を $F(x)$ に代入してその差をとるという，きわめて簡明な関係が示されるのである．これによって，式 (4.10) に限らず，一般的な関数に対しても具体的な計算が行えるようになる．詳しくは教科書を参照していただきたい．

なお，積分される関数が定義されない点などを含んだまま定積分の積分範囲を設定することは許されない．例えば，$\int_{-1}^{1} \frac{1}{x} \, dx$ はだめである．なぜならば，$\frac{1}{x}$ は $x=0$ で定義されないからである．

[注2] 式 (4.14) の n は自然数としているが，実数（$\neq -1$）の場合にもそのままの形で成り立つ．

◆ **定積分と不定積分**　いままでに述べた積分はいずれも「x が a から b まで」というように "x の範囲" つまり "積分の範囲" が定まった積分で，これを**定積分**と呼ぶ．さらに，問題 4.1 のように，下端と上端の a, b には具体的な数値が当てはめられるので，計算結果は具体的な数値になる．

わざわざ「定積分」というくらいだから，範囲を定めない，つまり不定の積分があるのか，ということになるが，あるのである．このような "積分の範囲を定めない" 積分を**不定積分**と呼び，記号では

$$\int f(x)\,dx \tag{4.15}$$

と書く．積分の範囲を定めないから，定積分の場合にあった "$\int_a^b$" の "a" と "b" がない．

【**定積分の記号**】　定積分において，積分変数がすべて上端・下端の数値に置き換わっているため，定積分の値には積分変数が含まれないことになる．このことは，定積分において積分変数の x をほかの文字に置き換えてもなんら問題がないことを意味している．

ところで，定積分の上端・下端は値（定数）でなくてもよい．例えば積分変数を時間と考えれば，下端は現象変化の開始時間，上端は変化の終了時間を意味する．しかし，途中経過の状態を必要とする場合には，上端を「開始時間から終了時間までを表す時間変数」と考えると（この場合には，開始時間の下端を 0 とする），定積分は上端で使われた変数の関数となるのである．これによって応用上の価値は格段に上がる．前のページで触れた，「微分積分の基本定理」ではこの考え方が用いられている．

なお，積分変数と上端の変数の意味は異なるため，同じ文字を使わないことになっている（例えば，上端に x を使いたいならば，積分変数を t や s にすればよい）．しかし，混乱が生じないことが多いため，数学以外の分野では同じ文字が使われていることが多い．

結局,不定積分は原始関数を求めるだけなのであるが,若干,問題が残る.

例えば,$f(x) = 2x$ の原始関数は $F(x) = x^2$ であるが,$F(x) = x^2 + 1$ や $F(x) = x^2 + 1000$ をはじめとして,一般に $F(x) = x^2 + C$(C は定数)という形の関数は,いずれも微分すれば同じ $f(x) = 2x$ になってしまう.つまり,$f(x) = 2x$ の原始関数は無数に存在し,したがって $\int 2x\,dx$ の答えは無数に存在し,定まることがない[注3).まさに,不定積分である.

しかし,異なるのは"定数"の部分だけであることがわかっている.例えば,$f(x)$ の 2 つの原始関数を $F(x)$,$G(x)$ とすれば

$$F'(x) = f(x) \tag{4.16}$$

$$G'(x) = f(x) \tag{4.17}$$

だから

$$\{G(x) - F(x)\}' = G'(x) - F'(x) = f(x) - f(x) = 0 \tag{4.18}$$

となる.導関数が 0 になる関数は定数だから,関数 $\{G(x) - F(x)\}$ は定数ということになる.その定数を C とすると

$$G(x) - F(x) = C \tag{4.19}$$

$$G(x) = F(x) + C \tag{4.20}$$

となり,$f(x)$ の原始関数 $F(x)$ と $G(x)$ は定数部だけしか違わないということである.したがって,$f(x)$ の原始関数の 1 つを $F(x)$ とすれば,$f(x)$ の任意の原始関数は,C を任意の定数として

$$F(x) + C \tag{4.21}$$

注3) 定積分の際,ただ 1 つに定まらない原始関数を相手にして問題は生じないのか,と心配する必要はない.定積分が〔上端の値〕−〔下端の値〕で与えられるため,定数の項が相殺されて影響がでないのである.

という形に書くことができる．すなわち，一般的に

$$\int f(x)\,dx = F(x) + C \tag{4.22}$$

であり，これを $f(x)$ の**不定積分**と呼ぶのである．また，この "C" を**積分定数**と呼ぶ．ところで，"$\int f(x)\,dx$" は「インテグラル $f(x)\,dx$」と読む．式 (4.13) を不定積分の一般式にならって書くと

$$\int x^n\,dx = \frac{1}{n+1}x^{n+1} + C \tag{4.23}$$

となる．

【問題 4.2】 次の不定積分を求めよ．

(1) $\displaystyle\int 2\,dx$ (2) $\displaystyle\int x\,dx$ (3) $\displaystyle\int 3x^2\,dx$ (4) $\displaystyle\int 4x^3\,dx$

本来，積分は面積を求める道具だったはずなのに，このような不定積分にどのような意味があるのだろうか，という疑問が湧くかもしれない．しかし，積分した結果をさらに別の方法で分析したい場合や，原始関数の性質を知りたいというような場合には，具体的な数値になってしまった定積分より，関数として表されている不定積分の方が便利なのである．一般的に，何事も何かに特定しない方が応用範囲が広いものである（142 ページの【定積分の記号】を参照）．

不定積分は定数倍，和，差について次の性質をもつ．

不定積分の性質

① $\displaystyle\int kf(x)\,dx = k\int f(x)\,dx$ （k は定数）

② $\displaystyle\int \{f(x) + g(x)\}\,dx = \int f(x)\,dx + \int g(x)\,dx$

③ $\displaystyle\int \{f(x) - g(x)\}\,dx = \int f(x)\,dx - \int g(x)\,dx$

前のページの公式を，例えば関数 $f(x) = 6x^2 + 4x - 3$ の不定積分で確認しておこう．

$$\int (6x^2 + 4x - 3)\,dx = \int 6x^2\,dx + \int 4x\,dx - \int 3\,dx$$
$$= 6\int x^2\,dx + 4\int x\,dx - 3\int 1\,dx\,{}^{注4)}$$
$$= 6 \cdot \frac{1}{3}x^3 + 4 \cdot \frac{1}{2}x^2 - 3x + C\,{}^{注5)}$$

【問題 4.3】 次の不定積分を求めよ．

（1） $\displaystyle\int (-2x^2 + 3x + 4)\,dx - \int (4x^3 - x^2 + 2x - 5)\,dx$

（2） $\displaystyle\int (x-2)(x-3)\,dx$　　　（3） $\displaystyle\int (x+3)(x-3)\,dx$

ここで，あらためて，図 4.10 を参照して，定積分の性質を考えてみよう．

定積分の範囲の上端と下端が一致する場合，つまり $\displaystyle\int_a^b f(x)\,dx$ において $b = a$ の場合，

$$\int_a^a f(x)\,dx = 0 \qquad (4.24)$$

となることは説明するまでもないだろう．積分計算で求めるものを"面積"として考えれば，$b = a$ では"面"にならないから，面積は 0 である．

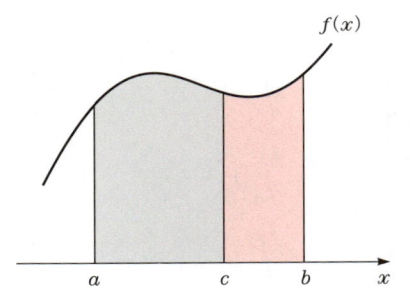

図 4.10　定積分の性質

注4) $\displaystyle\int 1\,dx$ は単に $\displaystyle\int dx$ と書くことが多い．

注5) 多項式の積分のように，いくつかの積分に分けて計算する場合，それぞれに積分定数を与えるのではなく，積分定数はまとめて 1 つ書けばよい（$C = C_1 + C_2 + \cdots + C_n$）．

また $a < c < b$ の場合,

$$\int_a^b f(x)\,dx = \int_a^c f(x)\,dx + \int_c^b f(x)\,dx \tag{4.25}$$

となることも明らかである.

次に,上端と下端の数値が逆になっている $\int_a^b f(x)\,dx$ と $\int_b^a f(x)\,dx$ との関係について調べてみよう.

$$\begin{aligned}
\int_a^b f(x)\,dx &= \Big[F(x)\Big]_a^b = F(b) - F(a) \\
&= -\{F(a) - F(b)\} = -\Big[F(x)\Big]_b^a \\
&= -\int_b^a f(x)\,dx
\end{aligned} \tag{4.26}$$

となる.以上,式 (4.24)〜(4.26) をまとめ,また不定積分の性質を考慮すると定積分には次の性質があることがわかる.

定積分の性質

① $\displaystyle\int_a^a f(x)\,dx = 0$

② $\displaystyle\int_a^b f(x)\,dx = \int_a^c f(x)\,dx + \int_c^b f(x)\,dx$　ただし,$a < c < b$

③ $\displaystyle\int_a^b f(x)\,dx = -\int_b^a f(x)\,dx$

④ $\displaystyle\int_a^b kf(x)\,dx = k\int_a^b f(x)\,dx$　ただし,k は定数

⑤ $\displaystyle\int_a^b \{f(x) + g(x)\}\,dx = \int_a^b f(x)\,dx + \int_a^b g(x)\,dx$

⑥ $\displaystyle\int_a^b \{f(x) - g(x)\}\,dx = \int_a^b f(x)\,dx - \int_a^b g(x)\,dx$

4.2 積　分　法

【問題 4.4】 次の定積分を求めよ．

(1) $\displaystyle\int_0^3 (8x^4+3x^3+x^2-5x+2)\,dx + \int_3^0 (8x^4+3x^3+x^2-5x+2)\,dx$

(2) $\displaystyle\int_0^1 (x^2+x-2)\,dx + \int_1^3 (x^2+x-2)\,dx$

(3) $\displaystyle\int_0^2 (3x^2+2x-1)\,dx$ 　　　(4) $\displaystyle\int_a^b (x-a)(x-b)\,dx$

◆**偶関数と奇関数の定積分** 　ここで，図 2.15 の 2 次関数 $y = x^2$ のグラフと図 2.14 の双曲線 $y = \dfrac{1}{x}$，図 2.22 の 3 次関数 $y = x^3$ のグラフをもう一度じっくりと眺めていただきたい．これらのグラフの形について，何か気づくことはないだろうか．

$y = x^2$ のグラフは y 軸に関して対称である．一方，$y = \dfrac{1}{x}$ と $y = x^3$ のグラフは原点 $(0, 0)$ に関して対称である．

このように，y 軸あるいは原点に関して対称となる一般的な関数のグラフを図 4.11 (a), (b) に示す．

(a)　　　　　　　　　　　(b)

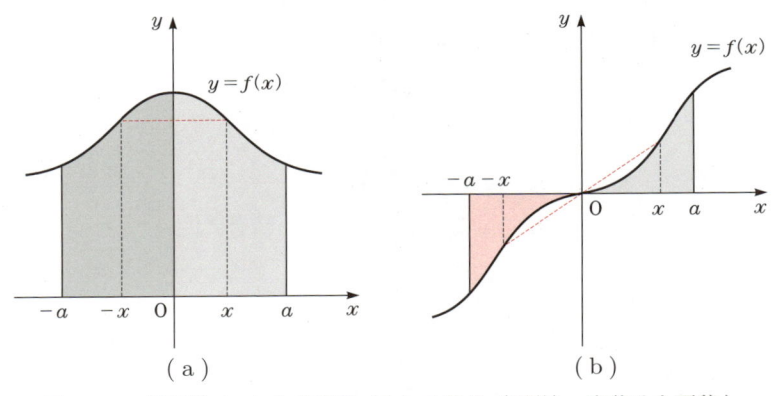

図 **4.11**　偶関数 (a) と奇関数 (b) の積分（面積）．定積分を面積として考えると，赤色部分は「マイナスの面積」になっている．

グラフの形が y 軸に関して対称になるということは

$$f(-x) = f(x) \tag{4.27}$$

ということである．式 (4.27) の関係を満たす関数 $f(x)$ を**偶関数**という．

一方，グラフの形が原点に関して対称になるということは

$$f(-x) = -f(x) \tag{4.28}$$

ということである．式 (4.28) の関係を満たす関数 $f(x)$ を**奇関数**という．

図 4.11 からも明らかなように，$f(x)$ が偶関数のときは

$$\int_{-a}^{a} f(x)\,dx = 2\int_{0}^{a} f(x)\,dx \tag{4.29}$$

となり，$f(x)$ が奇関数のときは

$$\int_{-a}^{a} f(x)\,dx = 0 \tag{4.30}$$

となる．

実際に，積分される関数（被積分関数）が偶関数であるか奇関数であるかを見抜くことで，計算の負担が大きく変わることが多い．

◆ **置換積分法** 86 ページで**合成関数**というものについて簡単に述べた．ここでもう一度，具体例で合成関数について考えてみよう．

例えば，図 4.12 に示すように，正方形の面積 S が

$$S = f(x) = x^2 \tag{4.31}$$

で与えられるとする．そして，この x が時間 t の経過に従い

$$x = g(t) = vt \tag{4.32}$$

で増加する（v は速さ）とすれば，正方形の面積 S は，$f(x)$ と $g(t)$ の合成関数

$$S = f(g(t)) = v^2 t^2 \tag{4.33}$$

で表される t の関数となる．

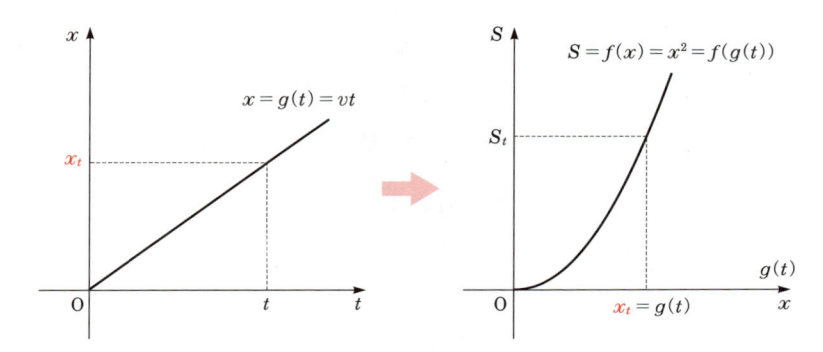

図 4.12 合成関数の具体例

次に，このような合成関数 $f(g(t))$ の積分を考える．ただし，$g(t)$ は微分可能とする（この条件は後で必要になってくる）．

$$y = \int f(x)\,dx \tag{4.34}$$

とすれば，$x = g(t)$ だから，y は t の関数にもなっている．$f(x)$ の原始関数は y，つまり，y を x で微分すると $f(x)$ になるわけだから

$$\frac{dy}{dx} = f(x) \tag{4.35}$$

である．したがって，y を t で微分すれば，108 ページで述べた合成関数の微分法により

$$\frac{dy}{dt} = \frac{dy}{dx} \cdot \frac{dx}{dt} = f(x) \cdot g'(t) = f(g(t)) \cdot g'(t) \tag{4.36}$$

となる．これを積分すると（詳しくいえば，「両辺を t で不定積分すると」），

$$\int \frac{dy}{dt}\,dt = y = \int f(g(t)) \cdot g'(t)\,dt \tag{4.37}$$

となり，$x = g(t)$ とおく（**置換**する）ときの積分公式として

$$\int f(x)\,dx = \int f(g(t)) \cdot g'(t)\,dt \tag{4.38}$$

が得られる．$x = g(t)$ を微分すると $\dfrac{dx}{dt} = g'(t)$ であるから，式 (4.38) は

$$\int f(x)\,dx = \int f(x)\dfrac{dx}{dt}\,dt \tag{4.39}$$

と書くこともできる．このような積分法を**置換積分法**と呼ぶ．

　置換積分法は，例えば，$f(x) = x\sqrt{x+1}$ の不定積分 $\displaystyle\int f(x)\,dx$ を求めるような場合に便利である．

$$1 + x = t \tag{4.40}$$

とおけば（置換すれば），$x = t - 1$ だから

$$\int x\sqrt{x+1}\,dx = \int (t-1)\sqrt{t}\,\dfrac{dx}{dt}\,dt \tag{4.41}$$

となり，式 (4.40) から $\dfrac{dx}{dt} = 1$ だから，式 (4.41) は

$$\begin{aligned}
\int (t-1)\sqrt{t}\,dt &= \int (t^{\frac{3}{2}} - t^{\frac{1}{2}})\,dt \\
&= \dfrac{2}{5}t^{\frac{5}{2}} - \dfrac{2}{3}t^{\frac{3}{2}} + C = \dfrac{2}{15}t^{\frac{3}{2}}(3t - 5) + C^{\text{注6)}}
\end{aligned} \tag{4.42}$$

が得られ，ここに式 (4.40) を代入して，変数をもとの x に戻せば[注7)]，

$$\int f(x)\,dx = \dfrac{2}{15}\sqrt{(1+x)^3}\,(3x - 2) + C$$

となる．

【問題 4.5】 次の不定積分を求めよ．

（1） $\displaystyle\int (2x - 1)^3\,dx$　　　　（2） $\displaystyle\int (5x + 3)^3\,dx$

注6) 積分において，141 ページの脚注で述べたことを使っている．
注7) 変数を置換して計算した場合，最終結果では，もとの変数に戻すことを忘れてはいけない．

いうまでもなく，置換積分法は不定積分ばかりではなく，定積分にも応用できる．

$$\int f(x)\,dx = F(x) + C \qquad (4.22)_\text{再}$$

で，

$$x = g(t) \qquad (4.43)$$

のとき，式 (4.36) より

$$\frac{d}{dt}F(g(t)) = f(g(t)) \cdot g'(t) \qquad (4.44)$$

である．したがって，図 4.13 に示すように

$$a = g(\alpha), \quad b = g(\beta)$$

となるような t の値 α, β を考えると，式 (4.22) から

$$\int_\alpha^\beta f(g(t)) \cdot g'(t)\,dt$$
$$= \Big[F(g(t))\Big]_\alpha^\beta$$
$$= F(g(\beta)) - F(g(\alpha))$$
$$= F(b) - F(a)$$
$$= \int_a^b f(x)\,dx \qquad (4.45)$$

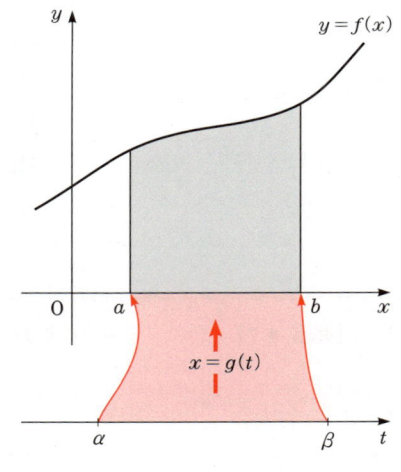

図 4.13 定積分の置換積分

となる．

【問題 4.6】 次の定積分を求めよ．

(1) $\displaystyle\int_0^2 x(1-x)^4\,dx$ (2) $\displaystyle\int_{-1}^1 x(1-x)^4\,dx$

◆ **部分積分法**　105 ページで記した"積の微分公式"

$$\{f(x) \cdot g(x)\}' = f'(x) \cdot g(x) + f(x) \cdot g'(x) \tag{3.27}_{再}$$

より

$$f'(x) \cdot g(x) = \{f(x) \cdot g(x)\}' - f(x) \cdot g'(x) \tag{4.46}$$

が得られ，この両辺を x で積分すると

$$\int f'(x) \cdot g(x)\,dx = f(x) \cdot g(x) - \int f(x) \cdot g'(x)\,dx \,^{注8)} \tag{4.47}$$

となる．この式 (4.47) は**部分積分法**の公式と呼ばれる（以後，2 つの関数の間にある「·」をいちいちつけない）．

部分積分法は，e^x や $\sin x$，$\cos x$ などが含まれる関数の積分を求める場合に極めて有効である．例えば，113 ページに示した公式

$$(e^x)' = e^x, \quad (\cos x)' = -\sin x, \quad (\sin x)' = \cos x, \quad (\log x)' = \frac{1}{x}$$

を念頭におき，公式 (4.47) を使って，次の問題を考えてみよう．

【問題 4.7】　次の不定積分を求めよ．

（1）$\displaystyle\int x\,e^x\,dx$　　　（2）$\displaystyle\int x^2 \sin x\,dx$　　　（3）$\displaystyle\int x \log x\,dx$

部分積分法が不定積分のみならず定積分にも応用できることは，置換積分の場合と同様である．定積分の場合，不定積分の公式 (4.47) は

$$\int_a^b f'(x)g(x)\,dx = \Big[f(x)g(x)\Big]_a^b - \int_a^b f(x)g'(x)\,dx \tag{4.48}$$

に置き換えられる．

注8) 微分した関数を積分すると，微分する前の関数になる：$\displaystyle\int F'(x)\,dx = F(x)$．

4.3 積分法の応用

◆ **面積の意味** 基本的に，積分は"極限の概念"を使って「面積」を求める"技術"なのであるが，積分によって求められる「面積」には単なる面積以上の深い意味がある．

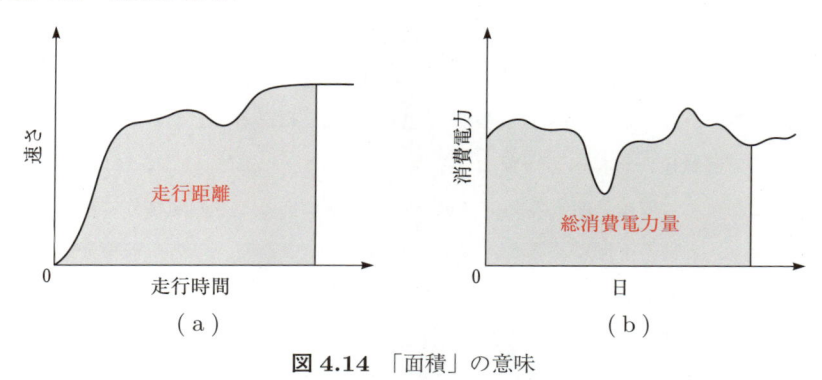

図 4.14 「面積」の意味

例えば，「速さ」×「走行時間」が「走行距離」になるわけだから，図 4.14 (a) のように「速さ」と「走行時間」の関係を表す関数（変数は時間）を積分して得られる「面積」は「走行距離」を表すことになる．もちろん，図 3.1 で説明したように，「走行時間」と「走行距離」が直線関係にある場合，つまり等速運動の場合は，積分などをもちだすまでもなく，簡単な掛け算で「走行距離」が求まる．積分法の偉大な利点は，速さがいかに不規則な場合でも，速さが時間の関数として与えられているならば，原理的に「走行距離」を求めることができることである．このことは，微分の概念とも深く関係することなので，「まとめ」であらためて述べる．

また，図 4.14 (b) のように，例えば，消費電力と日（あるいは月など，一般的な「時間」）との関係を表す関数を積分して得られる「面積」は，総消費電力を表すことになる．

一般に，われわれは「面積」というと，土地や図形の面積，つまり"広さ"のことばかり考えてしまうのであるが，積分という数学的技術を用いて得られる「面積」は，さまざまな分野で，さまざまな意味をもつのである．図 4.14 に示すのはほんの一例にすぎない．

> **【定積分と面積の違い】** ここまで，関数のグラフと x 軸にはさまれた図形の面積を求めることで定積分の説明を進めてきた．すなわち，図形の面積を求めることと定積分を同一視しても，特に不都合は生じなかったが，これは，被積分関数が x 軸の上側にあるものだけを例にしてきたことによる．
>
> 　定積分の基本が "「被積分関数値 $\times \Delta x$」の和" にあることから，定積分は被積分関数値が正であるか負であるかの影響を直接的に受けることになる．したがって，被積分関数のグラフが x 軸の上側にあるときの定積分は正の値となり，x 軸の下側にあるときの定積分は負の値となる．一方，被積分関数が x 軸の上側にあっても下側にあっても，面積ならばつねに正値として与えられていなければならない．この条件を満たすためには，被積分関数 $f(x)$ をつねに正にしておく操作をほどこしておけばよい．すなわち，絶対値記号ではさんだ $|f(x)|$ を，面積を求めるための被積分関数とすればよいのである．
>
> 　2 つの関数 $f(x)$, $g(x)$ が表すグラフにはさまれた部分の面積の場合（次のページの項を参照）であれば，被積分関数として $|f(x) - g(x)|$（あるいは $|g(x) - f(x)|$）を考えればよい．
>
> 　次に，式 (4.26) について説明を補足しておく．ここまでの定積分の例として扱ってきたものは，「和」をとる方向がつねに x 軸の正方向とするものばかりであったが，逆に，x 軸の負方向に「和」をとってもよい．このとき，上端と下端が入れ換わることになるが，「負方向に和をとる」ということが「定積分の符号を逆にしてしまう」ことになってしまうのである．例えば，正方向の定積分が正であるならば，負方向の定積分は負になる．このため，式 (4.26) の右辺に「−」の符号が必要となり，式 (4.30) が導かれる．

4.3 積分法の応用

◆ **定積分と面積** 積分の"原点"は何といっても「面積」である.

136 ページの図 4.5 に示した関数 $f(x)$ のグラフと, 2 直線 $x = a$, $x = b$ および x 軸で囲まれたアミカケ部分の面積 S を求める式が式 (4.11) であり, これをあらためて記せば次のようになる.

$$S = \int_a^b f(x)\,dx = \Big[F(x)\Big]_a^b = F(b) - F(a) \tag{4.49}$$

次に, 図 4.15 のように, 2 つの関数 $y = f(x)$, $y = g(x)$ のグラフと 2 直線 $x = a$, $x = b$ で囲まれたアミカケ部分の面積 S を求めてみよう. ただし, $f(x) \geqq g(x) \geqq 0$ とする[注9].

図から明らかなように, 求める面積 S は, $y = f(x)$, $x = a$, $x = b$ と x 軸 $(y = 0)$ で囲まれた面積 $S_{f(x)}$ (黒斜線部分) から, $y = g(x)$, $x = a$, $x = b$ と x 軸 $(y = 0)$ で囲まれた面積 $S_{g(x)}$ (赤斜線部分) を引いたものに等しい. つまり, 次のように与えられる.

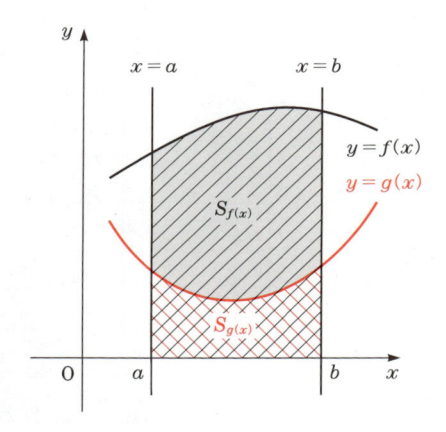

図 4.15 2 つの関数に囲まれた面積 (1)

$$\begin{aligned}S &= S_{f(x)} - S_{g(x)} \\ &= \int_a^b f(x)\,dx - \int_a^b g(x)\,dx = \int_a^b \{f(x) - g(x)\}\,dx\end{aligned} \tag{4.50}$$

図 4.15 では, $f(x) \geqq g(x) \geqq 0$ の場合を考えたのであるが, 図 4.16 (a) のように, 必ずしも $f(x)$, $g(x) \geqq 0$ が満たされていない場合でも考え方は同じである. また, 図 4.16 (b) に示すように, $f(x)$, $g(x)$ を図 4.15 のように $f(x) + y_1 \geqq g(x) + y_1 \geqq 0$ を満たすように, それぞれを y 軸方向に y_1 だけ平

[注9] $f(x) \geqq g(x)$ であることと, $f(x)$, $g(x) \geqq 0$ であることをまとめて表示したものである.

行移動しても，求める面積 S の値は変わらない．つまり

$$S = \int_a^b \{f(x) + y_1\}\, dx - \int_a^b \{g(x) + y_1\}\, dx$$
$$= \int_a^b \{f(x) + y_1 - g(x) - y_1\}\, dx = \int_a^b \{f(x) - g(x)\}\, dx \qquad (4.51)$$

となる．

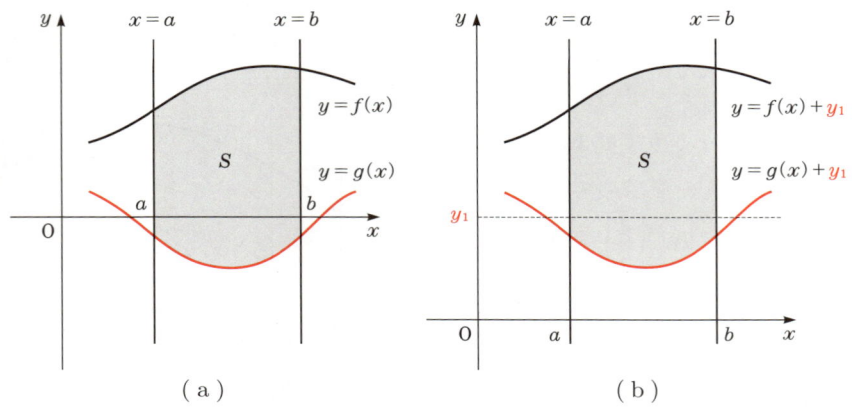

図 4.16　2つの関数に囲まれた面積（2）

ここで，あらためて図 4.5 のアミカケ部分の面積 S を求める式 (4.49) を見てみると，これも，関数 $y = f(x)$, $y = g(x)$, $x = a$, $x = b$ で囲まれる面積なのであり，この場合，$g(x)$ は x 軸上のグラフを表す定数関数 $y = 0$ だったのである．つまり，式 (4.50) の $g(x)$ に $y = g(x) = 0$ を代入した場合にほかならない．

【問題 4.8】　次の面積を求めよ．
（1）　$y = x^2 + 2$, $x = -1$, $x = 2$, x 軸で囲まれた部分．
（2）　$y = x^2 - 4$, $x = 1$, $x = 3$, x 軸で囲まれた部分．
（3）　$y = x^2 - 1$, $y = x + 1$ で囲まれた部分．
（4）　$y = -x^2 + 4$, $y = x^2 + 2x$ で囲まれた部分．

4.3 積分法の応用

◆ **定積分と体積**　まず，積分を使って"面積"を求めたことを復習してみよう．

　長方形や正方形のように直線からなる図形の面積を求めるのは簡単であった．図 4.1 に示したように，積分などを用いることなく，基本的には「縦 × 横」の単純計算で面積を求めることができる．しかし，曲線からなる図形の場合は，図 4.2 に示したようなひと工夫が必要であった．ここで"積分"が登場するのであるが，"積分の考え方"は図 4.3, 4.7, 4.8 に示したように，求める"広さ"を細長い帯状に分割して，この帯状のものを同じ幅の長方形で置き換えて，それらの面積の総和から求める面積の**近似値**が得られたのである．この場合，細長い長方形の幅 (h) を小さくすればするほど，すなわち $\lim_{h \to 0}$ とすれば実際の面積に近づいた．これがまさに"積分の考え方"の真髄である．

　図 4.3, 4.6, 4.7 で "$\lim_{h \to 0}$" ということは，究極的には，細長い長方形を"幅"がほとんどない"線"にするということである．つまり，この"線"を集めることによって"面積"が求まる．いい換えれば，"線"を積分すると"面積"になるのである．

　さて，ここで，積分を使って立体の"体積"を求めることを考えてみよう．

　立体の体積を求める"積分の考え方"は図 4.4 に示した通りである．考え方は，面積を求めた場合とまったく同じである．つまり，立体を薄い板状に分割し，この板状のものを同じ厚さをもつ柱状板[注10]で置き換えて，それらの体積の総和から，求める体積の近似値が得られる．この場合も，板の厚さ (h) を薄くすればするほど，すなわち $\lim_{h \to 0}$ とすれば実際の体積に近づく．

　薄い板の場合，"$\lim_{h \to 0}$" ということは，体積がある，つまり"厚み"のある板を"厚み"がほとんどない"面"にすることである．すでにおわかりと思うが，"線"を積分すると"面積"になるように，"面"を積分すると"体積"になるのである．これが，体積を求める"積分の考え方"の基本である．

[注10] ここでいう"柱状板"とは，円柱のように，断面に対して側面が垂直になっているものを意味する．このような柱状板の体積は「断面 × h」という簡単な式で与えられる．

次に，"積分の考え方"を使って，実際に立体の体積を求めてみよう．具体例として，図 4.17 に示す底面積 S，高さ H の角柱の体積を考える．

もちろん，このような角柱の体積 (V) は

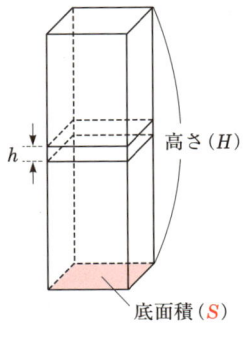

$$\text{底面積}(S) \times \text{高さ}(H) = \text{体積}(V) \tag{4.52}$$

図 4.17 角柱

で簡単に求まるのであるが，これを「"面"を積分すると"体積"になる」という"積分の考え方"を使って求めてみよう，というのである．

図 4.17 の角柱は，底面積が S で，厚さが h の薄い板が重なり合ったものと考えることができる．この"薄い板"の厚さ h を究極まで薄くすれば，すなわち $\lim_{h \to 0}$ とすれば面積 S の"面"になる．この"面"が関数として与えられているならば，"面"を高さについて 0 から H の範囲で積分すれば，体積 V が求まるのである．

この体積 V を積分計算で求めるために，図 4.18 のように，角柱を横に倒し，底面積を y 軸，高さを x 軸で表す．この場合，底面積は

$$y = S \tag{4.53}$$

の定数関数である．

図 4.18 体積の積分計算

ここで，図 4.8 に示した定数関数の積分計算

$$\int_a^b f(x)\,dx = \int_a^b 10\,dx \qquad (4.4)_\text{再}$$

を思いだしていただきたい．この場合，$y = 10$ という長さの "線" を $x = a$ から $x = b$ まで積分することによって "面積" が求められたのである．これとまったく同じ考え方を適用すれば，角柱の体積 V は

$$V = \int_0^H S\,dx = \Big[Sx\Big]_0^H = SH - 0 = SH \qquad (4.54)$$

のように求まる．式 (4.54) が式 (4.52) と同じになっていることに感動していただきたい．角柱は単純な形状ではあるが，"積分の考え方" を使って，その体積が見事に求まったのである．

もう一度繰り返せば「"面" を積分すると "体積" になる」のである．

底面積（あるいは断面積）が一定の立体の場合は，もちろん，積分など必要ではなく簡単な公式 (4.52) を使って計算すれば体積が求まる．積分の威力が発揮されるのは，図 4.19 に示すような，"面積 (y)" が x の関数 $f(x)$ で表されるような場合の体積を求める場合である．このような場合にも，式 (4.54) を一般化し

$$\int f(x)\,dx = V \qquad (4.55)$$

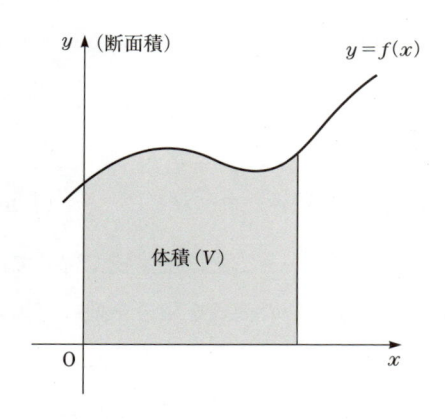

図 4.19 関数 $y = f(x)$ の積分で求まる体積

で体積を求めることができるのである．つまり，どのような形状の立体であっても，その "面積"（底面積や断面積）y を表す関数 $y = f(x)$ が得られれば，式 (4.55) から，その立体の体積を積分計算によって求めることができる．

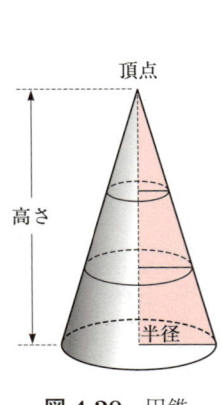

図 4.20 円錐 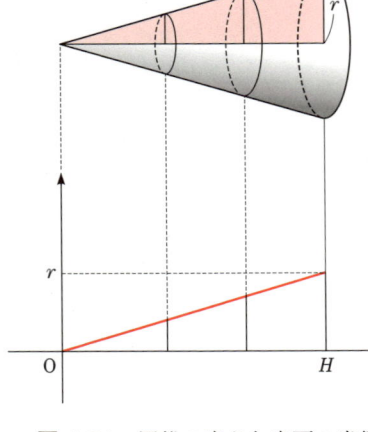　　　**図 4.21** 円錐の高さと底面の半径

　円錐は図 4.20 に示すように，底面が円で先端が尖った立体である．角柱や円柱の場合は高さに関係なく，その高さ方向に垂直な切り口の面積（断面積）は不変で一定であるが（図 4.17, 4.18 参照），円錐の場合は図 4.21 に示すように，切り口の位置（高さ）によって半径が一定の比率で変わっていくので，断面積もそれに応じて変化する．円錐の体積 V は底面の半径を r，高さを H とすれば

$$V = \frac{1}{3}\pi r^2 H \qquad (4.56)$$

の公式で求まることは中学校で習っているが，以下，この公式を積分を使って求めてみよう．

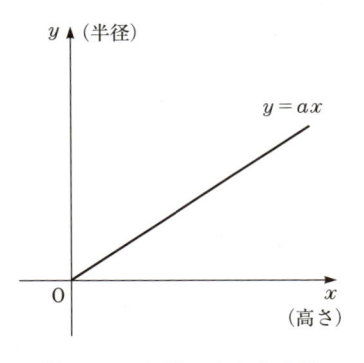

　図 4.21 に示されるように，円錐の底面の半径 (r) は高さ (H) に応じて一定の比率で変化する（このことが円錐の"定義"でもある）ので，このことをあらためて，高さを x，半径 $r = y = ax$ として，両者の関係を図 4.22 に示す．このとき，高さ x における切り口の面積を $S(x)$ で表

図 4.22 円錐の高さと半径との関数関係

すことにすれば
$$S(x) = \pi r^2 = \pi(ax)^2 = \pi a^2 x^2 \tag{4.57}$$

となり，$S(x)$ は関数として与えられる[注11]．

式 (4.57) で表される x と $S(x)$ との関係をグラフで表せば図 4.23 のようになる．

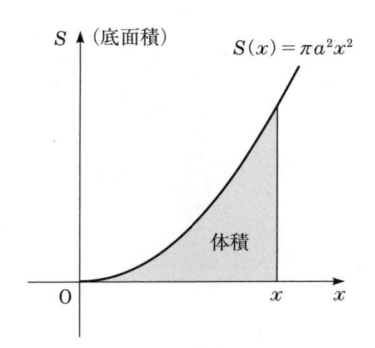

図 4.23 円錐の高さと底面積との関係

式 (4.55) によれば
$$\int_0^x S(x)\,dx = \int_0^x \pi a^2 x^2 \,dx \tag{4.58}$$

で求まる図 4.23 のアミカケの部分の"面積"が図 4.21 の関係をもつ高さ x の円錐の体積 V を表すことになる．式 (4.58) を計算してみよう．

$$V = \int_0^x \pi a^2 x^2 \,dx = \pi a^2 \left[\frac{1}{3}x^3\right]_0^x = \frac{1}{3}\pi a^2 x^3 = \frac{1}{3}\pi(a^2 x^2)x \tag{4.59}$$

が得られる．ここで，$ax = r$ を式 (4.59) に代入すると
$$V = \frac{1}{3}\pi r^2 x \tag{4.60}$$

[注11] 高さを表す x と対応するということで $S(x)$ とおいているが，$S(x)$ が関数と断定されるのは，式 (4.57) の右辺が x の 2 次式になっていることが確認されてからである．積分法を適用できるものは「関数」に対してだけであり，この確認は重要である．

となり，中学校で習った公式 (4.56) と一致することがわかり，ここであらためて，積分の威力に感動するのではないだろうか．

【問題 4.9】 正四角錐において，底面の 1 辺の長さ d が頂点からの高さ x の関数 $d(x) = ax$ で与えられるとき，高さが h の正四角錐の体積 V を積分法で求めよ．

以上，「定積分と体積」についてまとめると

$a \leqq x \leqq b$ において，断面積が $S(x)$ である立体の体積は

$$V = \int_a^b S(x)\,dx \qquad (4.61)$$

で与えられる．

【体積の計算】 ここで説明した体積を求める計算では，x 軸に垂直な平面で立体を切ったとき，立体の切断面の面積が *x の関数として与えられている* ことが条件となっている．したがって，断面積が簡単に求められる回転体（次のページの項を参照）などの限られた場合にのみ利用できるものである．

話がやや難しくなるが，応用では，曲面や平面が囲む立体の体積を求めることなどが必要となる．一般には，立体の断面積が簡単に求められないことがほとんどである．しかし，曲面や平面の関数が具体的に与えられていれば，立体の体積は「積分」の手法を用いることで求めることができる．ただし，空間内の曲面を与える関数は 2 変数の関数として与えられるため，体積を求める計算は，2 つの変数に対してそれぞれ 1 回ずつ，1 変数の定積分に相当する計算を連続して計 2 回行うものとなり，その 1 回目の定積分が「断面積」を求める計算になっている．なお，この部分の議論は「積分」の講義においても後半で扱われる内容であるが，1 変数の積分をきちんと理解していれば，それほど難しいものではない．詳しくは教科書を参照していただきたい．

4.3 積分法の応用

◆ **回転体の体積** 1つの直線を軸として平面を回転して得られる立体を**回転体**というが，身の回りにある物体をあらためて眺めてみると，意外に回転体が多いことに気づく．まず，ボール（球）は円（あるいは半円）を，直径を軸に回転して得られる立体であるし，茶筒（円筒）は長方形を，中心線（あるいは端の線）を軸に回転して得られる立体である．前項で述べた円錐も二等辺三角形（あるいはその半分）を，頂点から下ろした垂線を軸に回転した立体である．図 4.24 に示すように，さまざまな回転体は，それぞれの基になっている図形を半分に分ける軸を中心に回転すれば得られるのが特徴である．

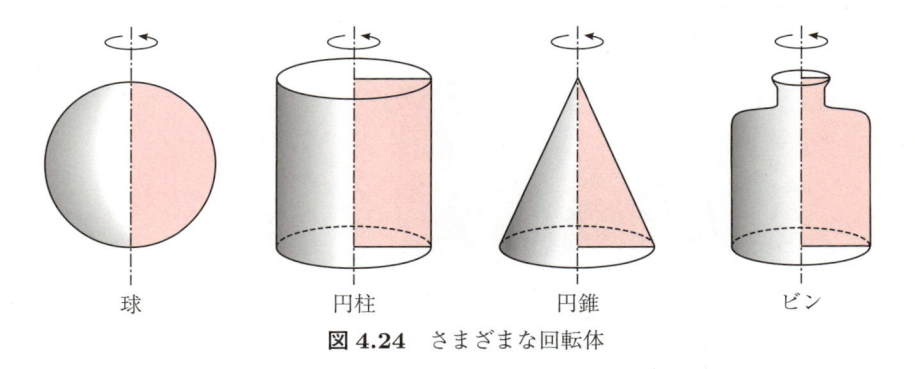

球　　　円柱　　　円錐　　　ビン

図 4.24 さまざまな回転体

以下，このような回転体の体積を積分法で求めることを考える．

まず，回転体の代表としての球である．

この球の体積 V についても，円錐の体積と同様に，われわれは中学校で習った公式を知っている．半径 r の球の体積 V は

$$V = \frac{4}{3}\pi r^3 \tag{4.62}$$

で求められる．これから，この公式を積分法で確認しようとするのである．

球は，図 4.24 に示すように，半円を，直径を軸に回転すれば得られる回転体である．半径 r の円を表す方程式は 55 ページの式 (2.10) に示したように

$$x^2 + y^2 = r^2 \tag{2.10}_{再}$$

だから
$$y = \pm\sqrt{r^2 - x^2} \tag{4.63}$$
が得られる．いま，ここでは，上記のように"半円"を考えればよいから，x 軸の上側にある半円を表す関数として（58 ページの【関数】を参照）
$$y = \sqrt{r^2 - x^2} \tag{4.64}$$
を選ぶ（図 4.25）．この半円を，x 軸を中心軸にして回転すれば球が得られる．このとき，図 4.26 に示す x における断面積を $S(x)$ で表すことにすれば
$$S(x) = \pi y^2 = \pi(r^2 - x^2) \tag{4.65}$$
となり，$S(x)$ は関数として与えられる．したがって，球の体積 V は式 (4.61) より
$$\begin{aligned}
V &= \int_{-r}^{r} S(x)\, dx = \int_{-r}^{r} \pi(r^2 - x^2)\, dx \\
&= \pi \left[r^2 x - \frac{1}{3} x^3 \right]_{-r}^{r} = \pi \left\{ \left(r^3 - \frac{r^3}{3} \right) - \left(-r^3 + \frac{r^3}{3} \right) \right\} \\
&= \frac{4}{3} \pi r^3
\end{aligned} \tag{4.66}$$
となり，式 (4.62) に示した"公式"が得られる．

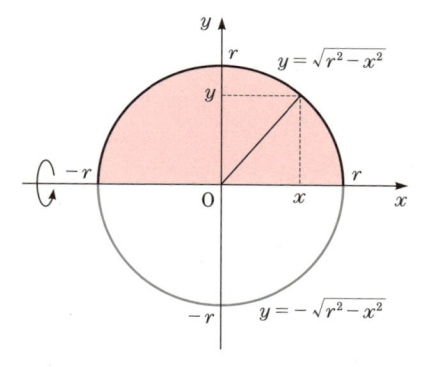

図 4.25 半円の方程式とその回転

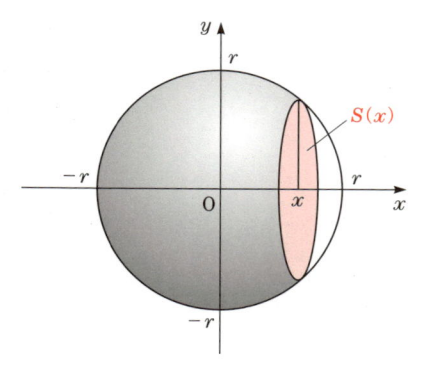

図 4.26 回転体・球の断面積

4.3 積分法の応用

次に，平面上で関数として与えられているグラフを回転したときに得られる回転体の体積について考える．

例えば，図 4.27 に示すような曲線 $y = \sqrt{2-x}$ と x 軸と y 軸とで囲まれた平面図形を，x 軸のまわりに回転したときに得られる回転体の体積 V を求めてみよう．x 軸に垂直な切断面の x 切片が x のとき，x における断面積 $S(x)$ は

$$S(x) = \pi y^2 = \pi(\sqrt{2-x})^2 \tag{4.67}$$

だから，この回転体の体積 V は式 (4.61) より

$$\begin{aligned} V &= \int_0^2 S(x)\,dx = \int_0^2 \pi(\sqrt{2-x})^2\,dx \\ &= \pi \int_0^2 (2-x)\,dx = \pi \Big[2x - \frac{1}{2}x^2\Big]_0^2 = 2\pi \end{aligned} \tag{4.68}$$

となる．

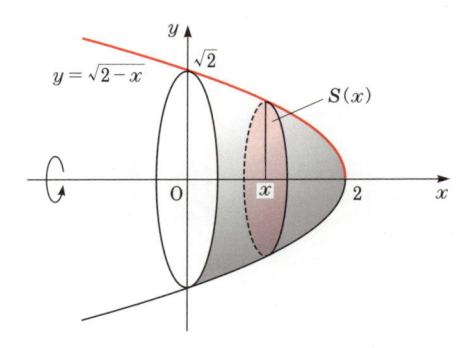

図 4.27 $y = \sqrt{2-x}$ のグラフの回転体

【回転体と回転面】 回転させてつくられる立体のうち，「面」を回転したならば中身が詰まった回転体になり，曲線などの「線」を回転したならば中身のない回転面になる．両者はきちんと区別されるものであるが，立体をつくるもとになるものが，面であるのか線であるのか判然としなくても，「回転体」としたならば，中身の詰まった立体であると理解していただきたい．

次に，一般的な曲線 $y=f(x)$ を回転したときに得られる回転体の体積について考えてみよう．

図 4.28 に示すように，$y=f(x)$ と x 軸，2 直線 $x=a$, $x=b$ $(a<b)$ で囲まれた平面図形を，x 軸のまわりに回転したときに得られる立体の体積を V とする．x 軸に垂直な切断面（図 4.28 の ◯ の部分）の x 切片が x のとき，x における断面積 $S(x)$ は，半径が $f(x)$ の円の面積に等しいから

$$S(x)=\pi\{f(x)\}^2 \tag{4.69}$$

である．したがって，

$$V=\int_a^b \pi\{f(x)\}^2\,dx = \pi\int_a^b \{f(x)\}^2\,dx \tag{4.70}$$

となる．

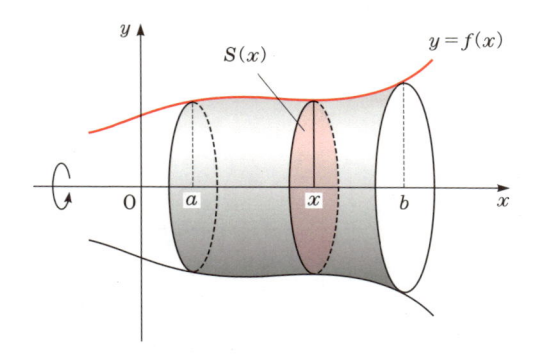

図 4.28 一般的な回転体の体積

いままでに述べたことから明らかなように，$y=f(x)$ の形状がどんなものであれ，積分法で回転体の体積を求めるときの基本になる「回転体の切片 x における断面形状」は必ず半径 $f(x)$ の円になるわけだから，その断面積はいつも式 (4.69) で与えられ，したがって，体積は式 (4.70) で求められるのである．

【問題 4.10】 曲線 $y=x^2$ と直線 $y=2x$ で囲まれた図形を x 軸のまわりに回転したときに得られる立体の体積を求めよ．

ま と め

　本書をここまで読み切った感想はいかがだろうか．
　いままで「難しい」「得意ではない」「好きではない」と思っていた「数学」特に「微分・積分」に興味をもっていただけただろうか．少なくとも「数学」そして「微分・積分」に対するアレルギーをかなりなくしていただけたのではないだろうか．
　本書の冒頭「まえがき」でも本文中でも繰り返し述べたように，ものごとを「筋道立てて考える」「論理的に考える」ということは，日常生活あるいは，いかなる仕事を進めるうえでも，とても重要である．もちろん，われわれの現実的な日常生活の中で，われわれが「微分・積分」はもとより「数学」一般に直接的に接することはほとんどないし，それで大きな支障はないのであるが，「数学」は「筋道立てて考える」ことを教えてくれる，また，その訓練をしてくれる最たるものなのである．
　本書は高等学校や大学で習う「数学」の中でも大きな位置を占める「微分・積分」を「徹底的にわかる」ことを目的に書かれたものである．その「微分・積分」を「徹底的にわかる」ための準備として，基本となる「数と整式」「関数とグラフ」について，かなり詳しく説明した．「数学」は論理的に一段一段積み上げて修得していくものだからである．

　以下本書の「まとめ」として，"微分と積分との関係"について述べる．両者の関係をきちんと理解すれば，"微分と積分"自体についての親しみと理解が一層深まるに違いない．

まとめ

◆ **足し算と引き算** 微分と積分の関係をまとめてみよう．

$y = x^n$ を中心におくと

$$\frac{1}{n+1}x^{n+1} \underset{\text{積分}}{\overset{\text{微分}}{\rightleftarrows}} x^n \underset{\text{積分}}{\overset{\text{微分}}{\rightleftarrows}} nx^{n-1}$$

という関係がある．

このような"微分と積分との関係"を一般的に表すと，図 M.1（a）のようになる．これはちょうど図 M.1（b）に示す"足し算と引き算の関係"に対応する．つまり，微分と積分は"表裏一体"なのである．

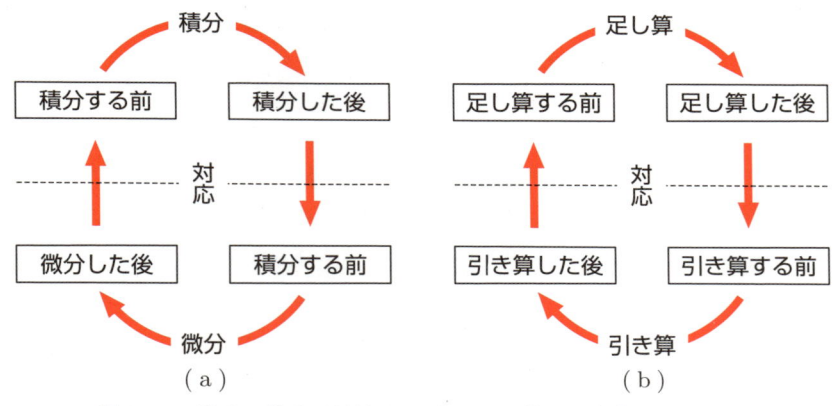

図 M.1 微分・積分の関係（a）と，足し算・引き算の関係（b）

◆ **走行距離・速さ・加速度** "微分と積分との関係"を具体例として走行距離と速さと加速度との関係で確認しておこう．本書で学んだ「微分と積分」の総復習である．

走行距離，速さ，加速度の意味については 88 ページに述べたが，ここでもう一度まとめておく．

$$\text{速さ} = \frac{\text{走行距離}}{\text{走行時間}} \tag{M.1}$$

まとめ

$$\text{加速度} = \frac{\text{速さの時間的変化}}{\text{時間}} = \frac{\frac{\text{走行距離}}{\text{時間}}}{\text{時間}} \tag{M.2}$$

である.

この"速さ"つまり式 (M.1) で表される"走行距離"と"走行時間"との関係が図 3.1（88 ページ）のように直線（1 次関数）で表される場合は話が簡単なのであるが，図 3.2（88 ページ）や図 3.7（93 ページ）のような曲線の場合は厄介で，"微分の考え"が必要なのであった.

図 3.2 は式 (3.2) の $d = f(t) = 5t^2$ を表すグラフであるが，これを

$$y = f(x) = 5x^2 \tag{M.3}$$

と書きあらため，この式で表される"走行距離"を出発点として，順次，時間 (x) で微分すれば"速さ"，"加速度"が得られることが式 (M.1), (M.2) から何となくわかるだろう．逆に，"加速度"を出発点として，順次，x で積分すれば"速さ"，"走行距離"が得られる．これらの関係をまとめたのが図 M.2 である.

図 M.1, M.2 から，微分と積分の"表裏一体"の関係をはっきりと理解できるであろう.

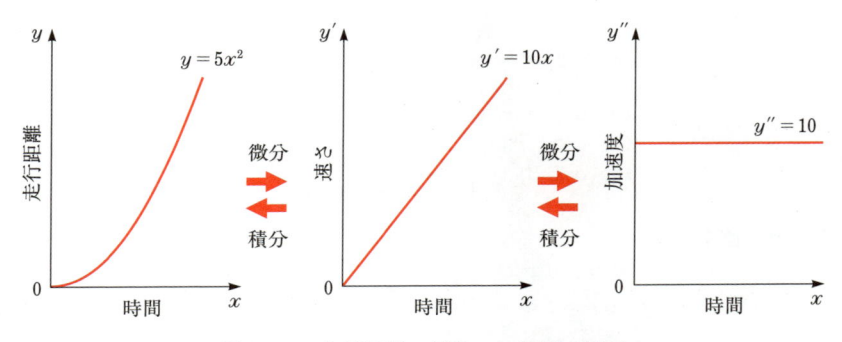

図 M.2 走行距離・速さ・加速度の関係

付　　　録

◆ 三角関数の公式　（変数を θ や α, β で表している）

三角関数の逆数関数

$$\operatorname{cosec}\theta = \frac{1}{\sin\theta}, \quad \sec\theta = \frac{1}{\cos\theta}, \quad \cot\theta = \frac{1}{\tan\theta}$$

三角関数の相互関係

$$\sin^2\theta + \cos^2\theta = 1, \quad \tan\theta = \frac{\sin\theta}{\cos\theta}, \quad 1 + \tan^2\theta = \frac{1}{\cos^2\theta}$$

三角関数の性質

$$\sin(-\theta) = -\sin\theta \qquad \cos(-\theta) = \cos\theta \qquad \tan(-\theta) = -\tan\theta$$

$$\sin\left(\theta + \frac{\pi}{2}\right) = \cos\theta \quad \cos\left(\theta + \frac{\pi}{2}\right) = -\sin\theta \quad \tan\left(\theta + \frac{\pi}{2}\right) = -\frac{1}{\tan\theta}$$

$$\sin(\theta + \pi) = -\sin\theta \qquad \cos(\theta + \pi) = -\cos\theta \qquad \tan(\theta + \pi) = \tan\theta$$

加法定理（複号同順）

$$\sin(\alpha \pm \beta) = \sin\alpha \cdot \cos\beta \pm \cos\alpha \cdot \sin\beta$$

$$\cos(\alpha \pm \beta) = \cos\alpha \cdot \cos\beta \mp \sin\alpha \cdot \sin\beta$$

$$\tan(\alpha \pm \beta) = \frac{\tan\alpha \pm \tan\beta}{1 \mp \tan\alpha \cdot \tan\beta}$$

積を和に直す公式

$$\sin\alpha\cos\beta = \frac{1}{2}\{\sin(\alpha+\beta) + \sin(\alpha-\beta)\}$$

$$\sin\alpha\sin\beta = -\frac{1}{2}\{\cos(\alpha+\beta) - \cos(\alpha-\beta)\}$$

$$\cos\alpha\cos\beta = \frac{1}{2}\{\cos(\alpha+\beta) + \cos(\alpha-\beta)\}$$

和を積に直す公式

$$\sin\alpha + \sin\beta = 2\sin\frac{\alpha+\beta}{2}\cos\frac{\alpha-\beta}{2}$$

$$\sin\alpha - \sin\beta = 2\cos\frac{\alpha+\beta}{2}\sin\frac{\alpha-\beta}{2}$$

$$\cos\alpha + \cos\beta = 2\cos\frac{\alpha+\beta}{2}\cos\frac{\alpha-\beta}{2}$$

$$\cos\alpha - \cos\beta = -2\sin\frac{\alpha+\beta}{2}\sin\frac{\alpha-\beta}{2}$$

2倍角の公式

$$\sin 2\alpha = 2\sin\alpha\cos\alpha$$

$$\cos 2\alpha = \cos^2\alpha - \sin^2\alpha = 2\cos^2\alpha - 1 = 1 - 2\sin^2\alpha$$

$$\tan 2\alpha = \frac{2\tan\alpha}{1-\tan^2\alpha}$$

3倍角の公式

$$\sin 3\alpha = 3\sin\alpha - 4\sin^3\alpha$$

$$\cos 3\alpha = 4\cos^3\alpha - 3\cos\alpha$$

$$\tan 3\alpha = \frac{3\tan\alpha - \tan^3\alpha}{1-3\tan^2\alpha}$$

半角の公式

$$\sin^2\frac{\alpha}{2} = \frac{1-\cos\alpha}{2}$$

$$\cos^2\frac{\alpha}{2} = \frac{1+\cos\alpha}{2}$$

$$\tan^2\frac{\alpha}{2} = \frac{1-\cos\alpha}{1+\cos\alpha}$$

三角関数の合成

$$a\sin\theta + b\cos\theta = \sqrt{a^2+b^2}\sin(\theta+\alpha)$$

$$\left(\text{ただし},\ \cos\alpha = \frac{a}{\sqrt{a^2+b^2}},\ \sin\alpha = \frac{b}{\sqrt{a^2+b^2}}\right)$$

◆ 微分と積分の基本公式

微分の基本公式

積の微分 $\quad \{f(x)g(x)\}' = f'(x)g(x) + f(x)g'(x)$

商の微分 $\quad \left\{\dfrac{f(x)}{g(x)}\right\}' = \dfrac{f'(x)g(x) - f(x)g'(x)}{\{g(x)\}^2}$

合成関数の微分 $\quad \{f(g(x))\}' = f'(g(x))g'(x)$

逆関数の微分 $\quad \{f^{-1}(x)\}' = \dfrac{1}{f'(x)}$

対数微分法

$$\log|y| = \log|f(x)| \xrightarrow{\text{両辺を } x \text{ で微分する}} y' = y\{\log|f(x)|\}' \quad (y = f(x))$$

微分積分の基本定理

$$\int_a^b f(x)\,dx = \Big[F(x)\Big]_a^b = F(b) - F(a) \quad (F'(x) = f(x))$$

積分の基本公式

置換積分 $\quad \displaystyle\int f(x)\,dx = \int f(g(t))g'(t)\,dt \quad (x = g(t))$

$\quad\qquad\qquad \displaystyle\int_a^b f(x)\,dx = \int_\alpha^\beta f(g(t))g'(t)\,dt \quad (a = g(\alpha),\ b = g(\beta))$

部分積分 $\quad \displaystyle\int f'(x)g(x)\,dx = f(x)g(x) - \int f(x)g'(x)\,dx$

$\quad\qquad\qquad \displaystyle\int_a^b f'(x)g(x)\,dx = \Big[f(x)g(x)\Big]_a^b - \int_a^b f(x)g'(x)\,dx$

導関数表（底を示していない対数は自然対数：$\log x = \log_e x$）

関数	導関数
x^α	$\alpha x^{\alpha-1}$
$a^x \quad (a > 0)$	$a^x \log a$
e^x	e^x
$\log_a x \quad (a > 0,\ a \neq 1)$	$\dfrac{1}{x \log a}$
$\log x$	$\dfrac{1}{x}$
$\sin x$	$\cos x$
$\cos x$	$-\sin x$
$\tan x$	$\dfrac{1}{\cos^2 x}$

原始関数表（底を示していない対数は自然対数）

関数	原始関数（積分定数は省略）
$x^\alpha \quad (\alpha \neq -1)$	$\dfrac{x^{\alpha+1}}{\alpha+1}$
$\dfrac{1}{x}$	$\log |x|$
$a^x \quad (a > 0,\ a \neq 1)$	$\dfrac{a^x}{\log a}$
e^x	e^x
$\log x$	$x \log x - x$
$\sin x$	$-\cos x$
$\cos x$	$\sin x$
$\tan x$	$-\log |\cos x|$

問題の解答

第1章

問題 1.1 （1） $10^5 \times 10^7 = 10^{5+7} = 10^{12}$　　（2） $(10^3)^3 = 10^{3\times 3} = 10^9$

（3） $\dfrac{10^5}{10^3} = 10^{5-3} = 10^2$　　（4） $10^{-6} \times 5 \times 10^{-2} = 5 \times 10^{(-6)+(-2)} = 5 \times 10^{-8}$

（5） $(5^2)^4 = 5^{2\times 4} = 5^8$　　（6） $10^{-4} \times 10^2 \times 10^{-3} = 10^{(-4)+2+(-3)} = 10^{-5}$

（7） $5 \times 10^3 \times 10^{-5} \div 10^{-4} = 5 \times 10^{3+(-5)-(-4)} = 5 \times 10^2$

問題 1.2 （1） $\log_6 4 + \log_6 9 = \log_6(4 \times 9) = \log_6 36 = 2$

（2） $\log_3 27 + \log_2 16 = 3 + 4 = 7$

（3） $\log_2 \sqrt{3} + 3\log_2 \sqrt{2} - \log_2 \sqrt{6} = \log_2 \sqrt{3} + \log_2(\sqrt{2})^3 - \log_2 \sqrt{6}$

$\qquad = \log_2 \dfrac{\sqrt{3} \times (\sqrt{2})^3}{\sqrt{6}} = \log_2 \dfrac{2\sqrt{6}}{\sqrt{6}} = \log_2 2 = 1$

（4） $\log_3 36 - \log_3 4 = \log_3 \dfrac{36}{4} = \log_3 9 = 2$

問題 1.3 （1） $\log_{10} 2^{200} = 200 \log_{10} 2 = 200 \times 0.301 = 60.2$. $\log_{10} N = 60.2$ だから N は 61 桁の数.

（2） $\log_{10} 3^{300} = 300 \log_{10} 3 = 300 \times 0.477 = 143.1$. 144 桁の数.

（3） $\log_{10}(2^{200} \times 3^{300}) = 200 \log_{10} 2 + 300 \log_{10} 3 = 60.2 + 143.1 = 203.3$. 204 桁の数.

問題 1.4 多項式の積を展開する場合，一方の多項式を単項式 A と考え，分配法則を用いて展開すればよい．

（1） $3x + 2 = A$ として

$$A(4x^2 + 5x - 1) = 4x^2 A + 5xA - A = 4x^2(3x+2) + 5x(3x+2) - (3x+2)$$
$$= 12x^3 + 8x^2 + 15x^2 + 10x - 3x - 2 = 12x^3 + 23x^2 + 7x - 2$$

（2） $x^2 - 2x + 3 = A$ として

$$A(3x^2 + x - 2) = 3x^2 A + xA - 2A$$
$$= 3x^2(x^2 - 2x + 3) + x(x^2 - 2x + 3) - 2(x^2 - 2x + 3)$$
$$= 3x^4 - 6x^3 + 9x^2 + x^3 - 2x^2 + 3x - 2x^2 + 4x - 6$$
$$= 3x^4 - 5x^3 + 5x^2 + 7x + -6$$

問題 1.5 （1） $a+b=A$ とおき，乗法公式（Ⅰ）①を使う．
$$(a+b+c)^2 = (A+c)^2 = A^2 + 2cA + c^2 = (a^2 + 2ab + b^2) + 2c(a+b) + c^2$$
$$= a^2 + b^2 + c^2 + 2ab + 2bc + 2ca$$

（2） $a-b+c = a-(b-c)$ と変形すると，$b-c$ が共通になるので，これを $b-c=A$ とし，乗法公式（Ⅰ）②, ①を使う．
$$(a+b-c)(a-b+c) = \{a+(b-c)\}\{a-(b-c)\} = (a+A)(a-A) = a^2 - A^2$$
$$= a^2 - (b-c)^2 = a^2 - (b^2 - 2bc + c^2) = a^2 - b^2 - c^2 + 2bc$$

問題 1.6 （1） $(x-1)(x-2)(x+1)(x+2) = (x-1)(x+1)(x+2)(x-2)$
$$= (x^2 - 1)(x^2 - 4) = x^4 - 4x^2 - x^2 + 4 = x^4 - 5x^2 + 4$$

（2） "共通項"ができるように工夫する．

$(x+1)(x+2)(x+3)(x+4)$

$= (x+1)(x+4) \times (x+2)(x+3)$ （ここで乗法公式（Ⅰ）③を使い）

$= (x^2 + 5x + 4)(x^2 + 5x + 6)$

$= \{(x^2+5x)+4\}\{(x^2+5x)+6\}$ （ここで，再び乗法公式（Ⅰ）③を使い）

$= (x^2+5x)^2 + 10(x^2+5x) + 24$

$= (x^4 + 10x^3 + 25x^2) + (10x^2 + 50x) + 24$

$= x^4 + 10x^3 + 35x^2 + 50x + 24$

問題 1.7 （1） $yx^3 + 2x^2 + yx^2 + 2x = x(yx^2 + 2x + yx + 2) = x\{yx^2 + (y+2)x + 2\}$
ここで，因数分解の公式④を使い，$a=y$, $b=2$, $c=d=1$ として
$$yx^3 + 2x^2 + yx^2 + 2x = x(yx+2)(x+1)$$

（2） $x(y-2) + (2-y) = x(y-2) - (y-2) = (y-2)(x-1)$
（3） $4x^2 + 20x + 25 = (2x)^2 + 2 \cdot 2x \cdot 5 + 5^2 = (2x+5)^2$
（4） $9x^2 + 6xy + y^2 = (3x)^2 + 2 \cdot 3x \cdot y + y^2 = (3x+y)^2$
（5） $a^2 - 2a - 63 = a^2 + (7-9)a + 7 \cdot (-9) = (a+7)(a-9)$
（6） $a^2b^2 + 10ab + 24 = (ab)^2 + (6+4) \cdot ab + 6 \cdot 4 = (ab+6)(ab+4)$

問題 1.8 （1） $x^2 - 8x + 16 = (x-4)^2$ $\therefore$ $x=4$
（2） $4x^2 + 20x + 25 = (2x)^2 + 2 \cdot 2x \cdot 5 + 5^2 = (2x+5)^2 = 0$, $2x+5=0$ $\therefore$ $x = -\dfrac{5}{2}$
（3） $x^2 + 6x + 8 = (x+4)(x+2) = 0$ $\therefore$ $x = -4, -2$
（4） $4x = x^2$, $x^2 - 4x = x(x-4) = 0$ $\therefore$ $x = 0, 4$

問題 1.9 （1） $4x^2 = 7 \longrightarrow x^2 = \dfrac{7}{4}$　　$\therefore \quad x = \pm \dfrac{\sqrt{7}}{2}$

（2） ここでは，あえて，2次方程式の解の公式 (1.69) を使わない解法を示す．因数分解の公式①を思い浮かべて，$(x+m)^2 = k$ の形を作る．

$$x^2 + 8x + 4 = 0 \qquad\qquad (x+4)^2 = 12$$
$$x^2 + 8x = -4 \qquad\qquad x+4 = \pm\sqrt{12} = \pm 2\sqrt{3}$$
$$x^2 + 8x + 4^2 = -4 + 4^2 \qquad\qquad \therefore \quad x = -4 \pm 2\sqrt{3}$$

（3）
$$x^2 - 4x - 2 = 0 \qquad\qquad (x-2)^2 = 6$$
$$x^2 - 4x = 2 \qquad\qquad x - 2 = \pm\sqrt{6}$$
$$x^2 - 4x + 2^2 = 2 + 2^2 \qquad\qquad \therefore \quad x = 2 \pm \sqrt{6}$$

問題 1.10 2次方程式の応用問題である．まず，題意を図，数式で表すことから始める．1辺の長さを x m とすれば他辺の長さは $\dfrac{12}{2} - x = 6 - x$ (m) となる．したがって，$x(6-x) = 8$ の方程式がたてられる．

$$6x - x^2 = 8 \qquad\qquad (x-2)(x-4) = 0$$
$$x^2 - 6x + 8 = 0 \qquad\qquad \therefore \quad x = 2, 4$$

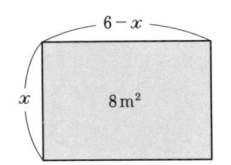

つまり，2 m, 4 m を2辺とする長方形が正解である．

問題 1.11 シュークリーム，ショートケーキの1個の値段をそれぞれ x 円，y 円とすると，題意から

$$\begin{cases} 5x + 8y = 2200 & \text{①} \\ 8x + 5y = 1960 & \text{②} \end{cases}$$

の連立方程式が成り立つ．

$$\text{①} \times 8 : \quad 40x + 64y = 17600 \qquad\qquad \text{③}$$
$$\text{②} \times 5 : \quad 40x + 25y = 9800 \qquad\qquad \text{④}$$
$$\text{③} - \text{④} : (64-25)y = 17600 - 9800$$
$$39y = 7800 \qquad \therefore \quad y = 200$$

$y = 200$ を①に代入

$$5x + 8 \times 200 = 2200$$
$$5x = 2200 - 1600 = 600 \qquad \therefore \quad x = 120$$

つまり，シュークリームは1個 120 円，ショートケーキは1個 200 円である．

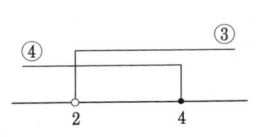

問題 1.12 （1）
$$6x+5 > 4x+3$$
$$6x-4x > 3-5$$
$$2x > -2 \quad \therefore \quad x > -1$$

（2）
$$4(2x+3) \geqq 7x-5$$
$$8x-7x \geqq -5-12 \quad \therefore \quad x \geqq -17$$

（3）
$$\frac{x+2}{3} \leqq 4x-1$$
$$x+2 \leqq 3(4x-1)$$
$$x-12x \leqq -3-2, \quad -11x \leqq -5$$
$$\therefore \quad x \geqq \frac{5}{11}$$

問題 1.13 39 ページの 2 次方程式の解の公式 (1.69) 参照. $D = b^2 - 4ac \geqq 0$ の条件を求めればよい. つまり

$$D = 2^2 - 4 \cdot 3(k-4) = 4 - 12k + 48 = -12k + 52 \geqq 0 \quad \therefore \quad k \leqq \frac{52}{12} = \frac{13}{3}$$

問題 1.14
$$\begin{cases} x+4 < 2x+6 & \text{①} \\ 5x-9 \leqq x+7 & \text{②} \end{cases}$$

① より
$$x-2x < 6-4, \quad -x < 2 \quad \therefore \quad x > 2 \quad \text{③}$$

② より
$$5x-x \leqq 7+9, \quad 4x \leqq 16 \quad \therefore \quad x \leqq 4 \quad \text{④}$$

③ と ④ を数直線（3 ページ参照）で表すとわかりやすい（○は含まない●は含む，という意味）．したがって，連立不等式の解は $2 < x \leqq 4$ となる．

問題 1.15 （1）
$$|3x+2| = 6$$
$$3x+2 = \pm 6,$$
$$3x = \pm 6 - 2,$$
$$\therefore \quad x = -\frac{8}{3}, \frac{4}{3}$$

（2）
$$|4x-3| \leqq 5$$
$$-5 \leqq 4x-3 \leqq 5$$
$$-5+3 \leqq 4x \leqq 5+3$$
$$-2 \leqq 4x \leqq 8,$$
$$\therefore \quad -\frac{1}{2} \leqq x \leqq 2$$

（3）
$$|4x-3| > 5$$
$$4x-3 > 5, \quad 4x-3 < -5$$
$$4x > 5+3 \text{ より } 4x > 8$$
$$\therefore \quad x > 2$$
$$4x < -5+3 \text{ より } 4x < -2$$
$$\therefore \quad x < -\frac{1}{2}$$

第2章

問題 2.1 楕円が平行移動したということは，楕円上のすべての点が x 軸方向に p，y 軸方向に q 移動したことを意味するので，一般的に書けば $\mathrm{P}(x, y)$ が $\mathrm{P}'(x+p, y+q)$ に移動したことになる．つまり，P' を P に戻すには $(x-p, y-q)$ にして，これを式 (2.12) に代入すれば

$$\frac{(x-p)^2}{a^2} + \frac{(y-q)^2}{b^2} = 1$$

問題 2.2 （1） $f(-1) = 2 \times (-1) + 6 = 4$, $\quad f(3) = 2 \times 3 + 6 = 12$,
$f(a-1) = 2(a-1) + 6 = 2a + 4$, $\quad f(a^2-1) = 2(a^2-1) + 6 = 2a^2 + 4$
（2） $f(-1) = (-1)^2 - 1 = 0$, $\quad f(3) = 3^2 - 1 = 8$, $\quad f(a-1) = (a-1)^2 - 1 = a^2 - 2a$,
$f(a^2-1) = (a^2-1)^2 - 1 = a^4 - 2a^2$
（3） $f(-1) = (-1)^2 + 2 \times (-1) = -1$, $\quad f(3) = 3^2 + 2 \times 3 = 15$,
$f(a-1) = (a-1)^2 + 2(a-1) = a^2 - 1$, $\quad f(a^2-1) = (a^2-1)^2 + 2(a^2-1) = a^4 - 1$

問題 2.3 （1） $y = |x|$ は

$$\begin{cases} x \geqq 0 \text{ のとき} & y = x \\ x < 0 \text{ のとき} & y = -x \end{cases}$$

なので，下の左図のようになる．
（2） $y = |x-2|$ は

$$\begin{cases} x - 2 \geqq 0 \text{ のとき，つまり } x \geqq 2 \text{ のとき} & y = x - 2 \\ x - 2 < 0 \text{ のとき，つまり } x < 2 \text{ のとき} & y = -(x-2) = -x + 2 \end{cases}$$

なので，下の右図のようになる．

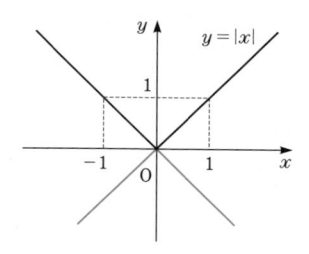

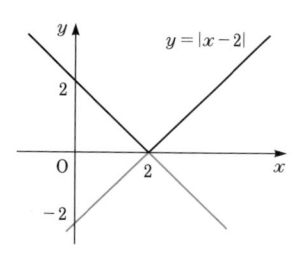

問題 2.4 省略

問題 2.5 （1） $y = 2x^2 - 4x + 2 = 2(x^2 - 2x + 1) = 2(x-1)^2$
（2） $y = 2x^2 - 4x + 7 = 2(x^2 - 2x) + 7 = 2(x^2 - 2x + 1) - 2 + 7 = 2(x-1)^2 + 5$
（1）のグラフは，$y = 2x^2$ を x 軸方向に 1，平行移動したもの．（2）のグラフは，（1）のグラフを y 軸方向に 5，平行移動したものである．

問題 2.6 （1） $y = f(x) = 2x^2 - 8x + 3 = 2(x^2 - 4x + 4) - 8 + 3 = 2(x-2)^2 - 5$
最小値 $f(2) = -5$
（2） $y = f(x) = -3x^2 - 18x - 25 = -3(x^2 + 6x + 9) + 27 - 25 = -3(x+3)^2 + 2$
最大値 $f(-3) = 2$

問題 2.7 （1） $y = f(x) = x^2 - 4x = x^2 - 4x + 4 - 4 = (x-2)^2 - 4$.
最大値 $f(0) = 0$, 最小値 $f(2) = -4$. グラフは下の左図.
（2） $y = f(x) = -x^2 + 4x - 2 = -(x^2 - 4x + 4) + 4 - 2 = -(x-2)^2 + 2$.
最大値 $f(2) = 2$, 最小値 $f(0) = -2$. グラフは下の右図.

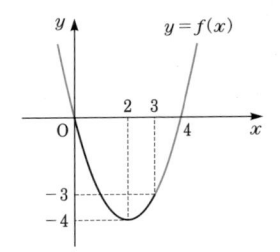

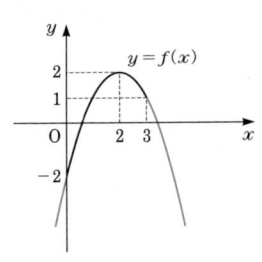

問題 2.8 （1） $x = \dfrac{1}{2}x'$ のときの $\sin 2x$ の値は $x = x'$ のときの $\sin x$ の値に等しい. したがって, $y = \sin 2x$ のグラフは, $y = \sin x$ のグラフを x 軸方向に $\dfrac{1}{2}$ 倍に縮小されたものである.

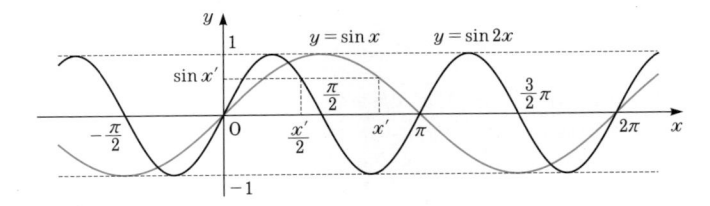

（2） $y = \sin\left(x - \dfrac{\pi}{3}\right)$ のグラフは, $y = \sin x$ のグラフを x 軸方向に $\dfrac{\pi}{3}$ だけ平行移動したものである.

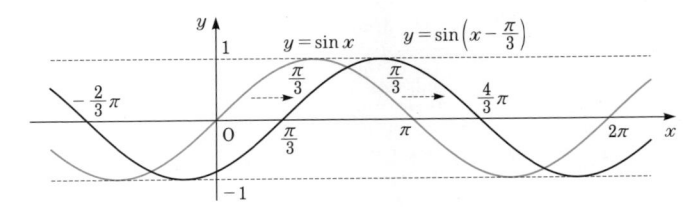

問題 2.9 （1） $y = 2x$, $x = \dfrac{y}{2} \longrightarrow y = \dfrac{x}{2}$ （2） $y = 4x + 3$, $x = \dfrac{y-3}{4} \longrightarrow y = \dfrac{x-3}{4}$
（3） $y = \dfrac{x+1}{x}$, $yx = x + 1$, $x = \dfrac{1}{y-1} \longrightarrow y = \dfrac{1}{x-1}$

問題 2.10 （1） $y = x^2 - 2$. $x^2 = y + 2$ で $x \geq 0$ だから $x = \sqrt{y+2}$ $(y \geq -2)$ $\longrightarrow$ $y = \sqrt{x+2}$. グラフは下の左図.

（2） 22 ページで述べた指数と対数の関係を参照し, $y = 2^x$ を x について解くと, $x = \log_2 y$ $\longrightarrow$ $y = \log_2 x$. つまり, 指数関数 $y = a^x$ と対数関数 $y = \log_a x$ は, 互いに逆関数の関係になっているのである. グラフは下の右図.

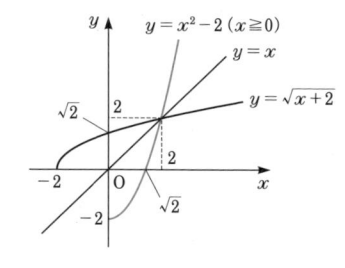

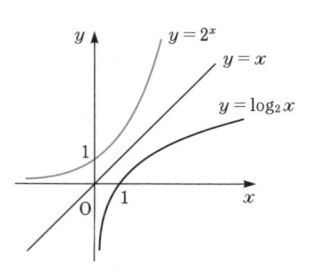

問題 2.11 （1） $(g \circ f)(x) = g(f(x)) = g(x+1) = (x+1)^2$
（2） $(f \circ g)(x) = f(g(x)) = f(x^2) = x^2 + 1$

第 3 章

問題 3.1 （1） $\displaystyle\lim_{h \to 0} \frac{a(x+h) - ax}{(x+h) - x} = \lim_{h \to 0} \frac{ax + ah - ax}{h} = \lim_{h \to 0} a = a$

つまり, $y = f(x) = ax$ の傾きは, x の値に関係なく, どこでも a （定数）ということになる. このことは, $y = ax$ の接線は $y = ax$ そのものであることを示している.

（2） $\displaystyle\lim_{h \to 0} \frac{(x+h)^2 - x^2}{h} = \lim_{h \to 0} \frac{x^2 + 2hx + h^2 - x^2}{h} = \lim_{h \to 0} (2x + h) = 2x$

となり, $y = x^2$ の傾き, そして接線は $y = 2x$ で与えられる. つまり, $y = x^2$ の曲線の傾きは x の値に依存することになり, このことが本文で述べた「曲線上の 2 点のとり方によって傾きが変わってしまう」ということなのである. しかし, 上記の極限計算の結果として得られる $y = 2x$ によって, $y = x^2$ 上の任意の点の傾きが即座に求められるわけである.

（3） $\displaystyle\lim_{h \to 0} \frac{\frac{1}{2}g(t+h)^2 - \frac{1}{2}gt^2}{h} = \lim_{h \to 0} \frac{\frac{1}{2}g(t^2 + 2ht + h^2 - t^2)}{h} = \lim_{h \to 0} \left\{ \frac{1}{2}g(2t + h) \right\} = gt$

実は, $y = \frac{1}{2}gt^2$ は表 3.1 に示した自由落下する物体の落下時間 (t) と落下距離 (y) との関係を表す式で, そのグラフが図 3.2 だったのである. そして, この g が**重力の加速度**と呼ばれるものであり, それは $g \approx 9.8$ [m/秒^2] という値をもつ.

問題 3.2 （1） $f'(x) = \displaystyle\lim_{h \to 0} \frac{(x+h)^3 - x^3}{h} = \lim_{h \to 0} (3x^2 + 3xh + h^2) = 3x^2$

（2） $f'(x) = \lim_{h \to 0} \dfrac{\{(x+h)^2 + 3(x+h) - 5\} - (x^2 + 3x - 5)}{h}$

$= \lim_{h \to 0} \dfrac{(x^2 + 2hx + h^2 + 3x + 3h - 5) - (x^2 + 3x - 5)}{h}$

$= \lim_{h \to 0} (2x + 3 + h) = 2x + 3$

（3） $f'(x) = \lim_{h \to 0} \dfrac{\{a(x+h) + b\} - (ax + b)}{h} = \lim_{h \to 0} a = a$

問題 3.3 （1） $y' = 4$ （2） $y' = 4x + 3$ （3） $y' = 3x^2 + 6x - 1$
（4） $y' = -4x - 3$

問題 3.4 （1） $y' = 3(x^2 + 2x + 3) + (3x - 1)(2x + 2)$
$= (3x^2 + 6x + 9) + (6x^2 + 6x - 2x - 2) = 9x^2 + 10x + 7$

（2） $y' = (2x - 1)(x^2 + x - 2) + (x^2 - x + 2)(2x + 1)$
$= (2x^3 + 2x^2 - 4x - x^2 - x + 2) + (2x^3 + x^2 - 2x^2 - x + 4x + 2) = 4x^3 - 2x + 4$

（3） $y' = (2x + 1)(x^3 + x^2) + (x^2 + x)(3x^2 + 2x)$
$= (2x^4 + 2x^3 + x^3 + x^2) + (3x^4 + 2x^3 + 3x^3 + 2x^2) = 5x^4 + 8x^3 + 3x^2$

（4） $y' = -\dfrac{1}{(x+1)^2}$ （5） $y' = \dfrac{(2x+1) - 2(x+2)}{(2x+1)^2} = -\dfrac{3}{(2x+1)^2}$

（6） $y' = \dfrac{2(x^2+1) - 2x(2x-1)}{(x^2+1)^2} = \dfrac{2x^2 + 2 - 4x^2 + 2x}{(x^2+1)^2} = -\dfrac{2(x^2 - x - 1)}{(x^2+1)^2}$

問題 3.5 （1） $y' = 4(2x+1)^3 \cdot 2 = 8(2x+1)^3$ （2） $y' = 3\left(x - \dfrac{1}{x}\right)^2 \left(1 + \dfrac{1}{x^2}\right)$

問題 3.6 省略

問題 3.7 （1） $y = \sqrt{x} \longrightarrow y^2 = x, \ \dfrac{dy}{dx} = \dfrac{1}{\dfrac{dx}{dy}} = \dfrac{1}{2y} = \dfrac{1}{2\sqrt{x}}$

（2） $y = \sqrt[3]{x} \longrightarrow y^3 = x, \ \dfrac{dy}{dx} = \dfrac{1}{\dfrac{dx}{dy}} = \dfrac{1}{3y^2} = \dfrac{1}{3\sqrt[3]{x^2}}$

問題 3.8 （1） $f'(x) = 6x^2 - 6x, \ f''(x) = 12x - 6, \ f'''(x) = 12$
（2） $f'(x) = 12x^3 + 6x^2 - 2x, \ f''(x) = 36x^2 + 12x - 2, \ f'''(x) = 72x + 12$
（3） $f'(x) = -\dfrac{(3x)'}{(3x)^2} = -\dfrac{1}{3x^2}, \ f''(x) = \dfrac{(3x^2)'}{(3x^2)^2} = \dfrac{2}{3x^3},$

$f'''(x) = -\dfrac{2(3x^3)'}{(3x^3)^2} = -\dfrac{2 \cdot 9x^2}{9x^6} = -\dfrac{2}{x^4}$

（4） $f'(x) = -\dfrac{(x^3)'}{x^6} = -\dfrac{3}{x^4}, \ f''(x) = \dfrac{3(x^4)'}{x^8} = \dfrac{12}{x^5}, \ f'''(x) = -\dfrac{12(x^5)'}{x^{10}} = -\dfrac{60}{x^6}$

問題 3.9 (1) $y = f(x) = e^x$, $f'(x) = e^x$, $f'(0) = 1$

接線：$y - 1 = 1 \cdot (x - 0)$　∴　$y = x + 1$,　　法線：$y = -x + 1$

(2) $y = f(x) = ax^2 + bx + c$, $f'(x) = 2ax + b$, $f'(0) = b$

接線：$y - 1 = b(x - 0)$　∴　$y = bx + 1$,　　法線：$y = -\dfrac{1}{b}x + 1$

問題 3.10 (1) $f'(x) = 2x + 3 = 0$ より $x_{\min} = -\dfrac{3}{2}$. 最小値は $f\left(-\dfrac{3}{2}\right) = -\dfrac{29}{4}$.

(2) $f'(x) = -6x + 1 = 0$ より $x_{\max} = \dfrac{1}{6}$. 最大値は $f\left(\dfrac{1}{6}\right) = \dfrac{61}{12}$.

問題 3.11 (1) $y' = 3x^2 - 6x - 9 = 3(x+1)(x-3)$, $y' = 0 \longrightarrow x = -1, 3$ から**増減表**を作り，グラフの概形を描く．

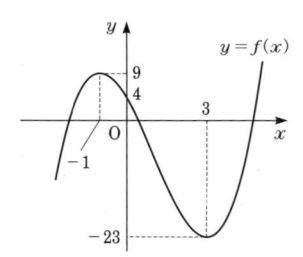

x	$\cdots$	-1	$\cdots$	3	$\cdots$
y'	$+$	0	$-$	0	$+$
y	↗	9	↘	-23	↗

(2) $y' = 3x^2 - 12 = 3(x^2 - 4) = 3(x+2)(x-2)$, $y' = 0 \longrightarrow x = -2, 2$

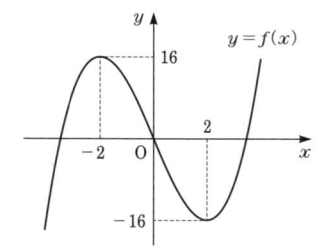

x	$\cdots$	-2	$\cdots$	2	$\cdots$
y'	$+$	0	$-$	0	$+$
y	↗	16	↘	-16	↗

問題 3.12 右図のような形状の升を考える．題意から

$$a \times a \times h = a^2 h = 500 \text{ [cm}^3] \qquad ①$$

升の表面積を S とすると

$$S = a^2 + 4ah \qquad ②$$

① より

$$h = \dfrac{500}{a^2} \qquad ③$$

③を②に代入して
$$S = a^2 + 4a \cdot \frac{500}{a^2} = a^2 + \frac{2000}{a} = a^2 + 2000a^{-1} \qquad ④$$
④を a について微分すると
$$S' = 2a - \frac{2000}{a^2} = 2\frac{1}{a^2}(a^3 - 1000) \qquad ⑤$$
$S' = 0$ とおくと
$$a = 10 \qquad ⑥$$
が求まる．これらの結果を元に②の増減表を作ると $\frac{1}{a^2}$ はつねに $\frac{1}{a^2} > 0$ だから，$a = 10$ [cm] のとき，S は最小になる．$a = 10$ を③に代入して $h = \frac{500}{100} = 5$ が得られ，正方形の1辺の長さが 10 cm，升の深さが 5 cm のとき，使用材料面積が最小（300 cm²）で，容積 500 cm³ の升を作ることができる．

a	$\cdots$	10	$\cdots$
S'	$-$	0	$+$
S	↘	極小	↗

第 4 章

問題 4.1 （1） $\int_0^5 x^2 \, dx = \left[\frac{1}{3}x^3\right]_0^5 = \frac{1}{3} \cdot 5^3 - 0 = \frac{125}{3}$

（2） $\int_0^5 (2x^2 - x) \, dx = \left[\frac{2}{3}x^3 - \frac{1}{2}x^2\right]_0^5 = \frac{2}{3} \cdot 5^3 - \frac{1}{2} \cdot 5^2 = \frac{250}{3} - \frac{25}{2} = \frac{425}{6}$

問題 4.2 （1） $\int 2 \, dx = 2x + C$ （2） $\int x \, dx = \frac{1}{2}x^2 + C$

（3） $\int 3x^2 \, dx = x^3 + C$ （4） $\int 4x^3 \, dx = x^4 + C$

問題 4.3 （1） $\int (-2x^2 + 3x + 4) \, dx - \int (4x^3 - x^2 + 2x - 5) \, dx$
$$= \left(-2 \cdot \frac{1}{3}x^3 + 3 \cdot \frac{1}{2}x^2 + 4x\right) - \left(4 \cdot \frac{1}{4}x^4 - \frac{1}{3}x^3 + x^2 - 5x\right) + C$$
$$= -x^4 - \frac{1}{3}x^3 + \frac{1}{2}x^2 + 9x + C$$

（2） $\int (x-2)(x-3) \, dx = \int (x^2 - 5x + 6) \, dx = \frac{1}{3}x^3 - \frac{5}{2}x^2 + 6x + C$

（3） $\int (x+3)(x-3) \, dx = \int (x^2 - 9) \, dx = \frac{1}{3}x^3 - 9x + C$

問題 4.4 （1） $\int_a^b f(x) \, dx = -\int_b^a f(x) \, dx$ より
$$\int_0^3 (8x^4 + 3x^3 + x^2 - 5x + 2) \, dx + \int_3^0 (8x^4 + 3x^3 + x^2 - 5x + 2) \, dx = 0$$

(2) $\displaystyle\int_a^c f(x)\,dx + \int_c^b f(x)\,dx = \int_a^b f(x)\,dx$ より

$\displaystyle\int_0^3 (x^2 + x - 2)\,dx = \left[\frac{1}{3}x^3 + \frac{1}{2}x^2 - 2x\right]_0^3 = \frac{1}{3}\cdot 27 + \frac{1}{2}\cdot 9 - 2\cdot 3 = 9 + \frac{9}{2} - 6 = \frac{15}{2}$

(3) $\displaystyle\int_0^2 (3x^2 + 2x - 1)\,dx = \left[x^3 + x^2 - x\right]_0^2 = 8 + 4 - 2 = 10$

(4) $\displaystyle\int_a^b (x-a)(x-b)\,dx = \int_a^b \{x^2 - (a+b)x + ab\}\,dx$

$\displaystyle = \int_a^b x^2\,dx - (a+b)\int_a^b x\,dx + ab\int_a^b dx$

$\displaystyle = \left[\frac{1}{3}x^3\right]_a^b - (a+b)\left[\frac{1}{2}x^2\right]_a^b + ab\left[x\right]_a^b$

$\displaystyle = \frac{1}{3}(b^3 - a^3) - \frac{1}{2}(a+b)(b^2 - a^2) + ab(b - a)$

$\displaystyle = \frac{1}{3}(b^3 - a^3) - \frac{1}{2}(a+b)(b+a)(b-a) + ab(b-a)$

$\displaystyle = \frac{1}{6}(b-a)\{2(b^2 + ab + a^2) - 3(b+a)^2 + 6ab\}$

$\displaystyle = \frac{1}{6}(b-a)(-b^2 + 2ab - a^2) = -\frac{1}{6}(b-a)^3$

問題 4.5 (1) $2x - 1 = t$ とおくと $x = \dfrac{t+1}{2}$, $\dfrac{dx}{dt} = \dfrac{1}{2}$.

$\displaystyle\int (2x-1)^3\,dx = \int t^3 \frac{dx}{dt}\,dt = \frac{1}{2}\int t^3\,dt = \frac{1}{2}\cdot\frac{1}{4}t^4 + C = \frac{1}{8}(2x-1)^4 + C$

(2) $5x + 3 = t$ とおくと $x = \dfrac{t-3}{5}$, $\dfrac{dx}{dt} = \dfrac{1}{5}$.

$\displaystyle\int (5x+3)^3\,dx = \int t^3 \frac{dx}{dt}\,dt = \frac{1}{5}\int t^3\,dt = \frac{1}{5}\cdot\frac{1}{4}t^4 + C = \frac{1}{20}(5x+3)^4 + C$

問題 4.6 (1) $1 - x = t$ とおくと $x = 1 - t$, $\dfrac{dx}{dt} = -1$.

$\displaystyle\int_0^2 x(1-x)^4\,dx = \int_1^{-1} (1-t)t^4(-1)\,dt = \int_1^{-1} (t^5 - t^4)\,dt$

$\displaystyle = \left[\frac{1}{6}t^6 - \frac{1}{5}t^5\right]_1^{-1} = \left(\frac{1}{6} + \frac{1}{5}\right) - \left(\frac{1}{6} - \frac{1}{5}\right) = \frac{2}{5}$

(2) $\displaystyle\int_{-1}^1 x(1-x)^4\,dx = \left[\frac{1}{6}t^6 - \frac{1}{5}t^5\right]_2^0 = -\left(\frac{64}{6} - \frac{32}{5}\right) = -\frac{64}{15}$

問題 4.7 (1) $x = f(x)$, $e^x = g'(x)$ とすると

$\displaystyle\int x\,e^x\,dx = \int f(x)g'(x)\,dx = x\,e^x - \int x'\,e^x\,dx = x\,e^x - e^x + C$

(2) $x^2 = f(x)$, $\sin x = g'(x)$ とすると

$$\int x^2 \sin x\, dx = \int f(x) g'(x)\, dx$$
$$= x^2(-\cos x) - \int 2x(-\cos x)\, dx = -x^2 \cos x + 2\int x \cos x\, dx$$

ここで $\int x \cos x\, dx$ に対して再び部分積分法を用いると

$$\int x^2 \sin x\, dx = -x^2 \cos x + 2(x \sin x + \cos x) + C$$

(3) $x = f'(x)$, $\log x = g(x)$ とすると

$$\int x \log x\, dx = \int f'(x) g(x)\, dx$$
$$= \frac{1}{2} x^2 \log x - \int \frac{1}{2} x^2 \cdot \frac{1}{x}\, dx = \frac{1}{2} x^2 \log x - \frac{1}{4} x^2 + C$$

問題 4.8 求める面積を S とする.

(1) $S = \displaystyle\int_{-1}^{2} (x^2 + 2)\, dx = \left[\frac{1}{3} x^3 + 2x\right]_{-1}^{2} = \left(\frac{8}{3} + 4\right) - \left(-\frac{1}{3} - 2\right) = \frac{20}{3} + \frac{7}{3} = 9$

(2) $S = \displaystyle\int_{1}^{2} (4 - x^2)\, dx + \int_{2}^{3} (x^2 - 4)\, dx = \left[4x - \frac{1}{3} x^3\right]_{1}^{2} + \left[\frac{1}{3} x^3 - 4x\right]_{2}^{3} = 4$

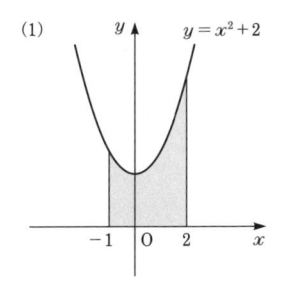

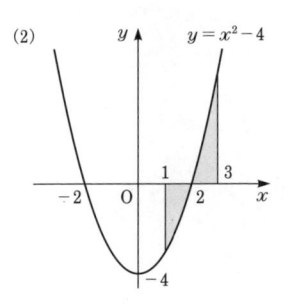

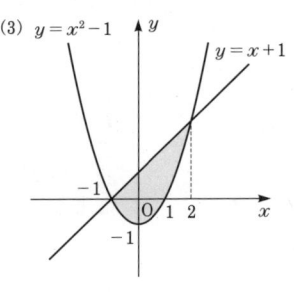

(1) グラフ: $y = x^2 + 2$, 区間 $-1 \leq x \leq 2$

(2) グラフ: $y = x^2 - 4$, 区間 $1 \leq x \leq 3$

(3) グラフ: $y = x^2 - 1$ と $y = x + 1$

(3) $S = \displaystyle\int_{-1}^{2} \{(x+1) - (x^2 - 1)\}\, dx = \int_{-1}^{2} (-x^2 + x + 2)\, dx = \left[-\frac{1}{3} x^3 + \frac{1}{2} x^2 + 2x\right]_{-1}^{2} = \frac{9}{2}$

(4) $S = \displaystyle\int_{-2}^{1} \{(-x^2 + 4) - (x^2 + 2x)\}\, dx$
$= \displaystyle\int_{-2}^{1} (-2x^2 - 2x + 4)\, dx$
$= \left[-\frac{2}{3} x^3 - x^2 + 4x\right]_{-2}^{1} = 9$

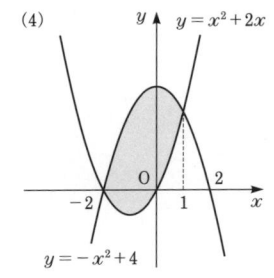

(4) グラフ: $y = x^2 + 2x$ と $y = -x^2 + 4$

問題 4.9 正四角錐の底面積 $S(x)$ は $S(x) = (ax)^2$ だから

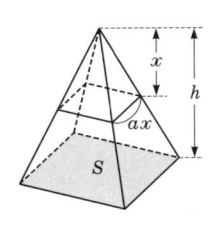

$$V = \int_0^h (ax)^2 \, dx = a^2 \int_0^h x^2 \, dx$$

$$= a^2 \left[\frac{1}{3} x^3 \right]_0^h$$

$$= \frac{1}{3} a^2 h^3 = \frac{1}{3} Sh \quad (S = a^2 h^2 \text{ は底面積})$$

問題 4.10
$$y = f(x) = 2x \quad \text{①}$$
$$y = g(x) = x^2 \quad \text{②}$$

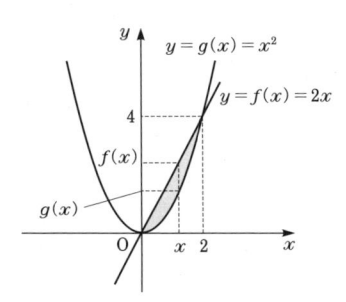

①, ②のグラフは ①＝② より

$$2x = x^2$$
$$x^2 - 2x = x(x - 2) = 0$$

より，右図のように，$x = 0$, $x = 2$ で交わる．求める体積は，図の斜線を施した図形を x 軸のまわりに回転したときに得られる立体の体積 V である．V は，$0 \leqq x \leqq 2$ の範囲で直線①を x 軸のまわりに回転したときに得られる立体の体積 $V_①$ から，曲線②を x 軸のまわりに回転したときに得られる立体の体積 $V_②$ を引いたものに等しい．したがって，式 (4.69) を使い

$$V = V_① - V_②$$

$$= \int_0^2 \pi (2x)^2 \, dx - \int_0^2 \pi (x^2)^2 \, dx = \pi \int_0^2 4x^2 \, dx - \pi \int_0^2 x^4 \, dx$$

$$= \frac{4\pi}{3} \left[x^3 \right]_0^2 - \frac{\pi}{5} \left[x^5 \right]_0^2 = \left(\frac{4 \cdot 8}{3} - \frac{32}{5} \right) \pi = \frac{64\pi}{15}$$

索　引

ア

値　　　　　　　　58

イ

1次式　　　　　　89
一般化　　　　　　28
因数　　　　　　　32
　　共通 ——　　　33
因数分解　　　32, 39
—— の公式　　　33
インテグラル　　137

ウ

上に凸　　　　　　64

エ

円　　　　　　　　54
円運動　　　　　　53
　等速 ——　　　52
円周率　　　　　　8
円錐　　　　　　160

カ

解　　　　　　　　35
　実数 ——　　　39
　重 ——　　　　39
開区間　　　　　124
回転　　　　　　　52
　—— 角　　　　53

回転体　　　163, 165
回転面　　　　　165
角速度　　　　　　53
角柱　　　　　　158
数の大小　　　　　3
加速度　　　111, 168
　重力の ——　　111
傾き　　　60, 89, 90
　曲線の ——　　91
下端　　　　　　140
加法　　　　　　　16
関数　　　　　57, 58
　—— 値　　　　124
　—— の増減　　118
　—— の定義域　　98
　—— の表示　　　63
　—— の連続性　　98
　1次 ——　　59, 90
　陰 ——　　　　130
　奇 ——　　147, 148
　逆 ——　　　　82
　逆 ——　　　　84
　偶 ——　　147, 148
　原始 ——　140, 143
　合成 —— 86, 107, 148
　三角 ——　　　77
　3次 ——　　　69

指数 ——　　73, 74, 76
対数 ——　　　　76
定数 ——　　　　91
2次 ——　　　　62
分数 ——　　61, 62
陽 ——　　　　130

キ

幾何学　　　　　　53
軌跡　　　　　　　54
逆関数の微分法の公式　109
球　　　　　　　163
極限　　　96, 136, 138
　—— 計算　　95, 96
　—— 値　　　　96
極小　　　　122, 123
　—— 値　　　123
極大　　　　122, 123
　—— 値　　　123
極値　　　　　　123
曲面　　　　　　　58
虚数　　　　　　　13
　—— 単位　　　13
　純 ——　　　　15
虚部　　　　　　　14
近似値　　　　　157

索　引

ク

区分	135
――求積法	135
グラフ	59
3次関数の――	72
指数関数の――	75
2次関数の――	65

ケ

係数	28
結合法則	16
原点	51
減法	16

コ

弧	27
項	29
同類――	29
交換法則	16
合成関数の	
微分法の公式	108
コサイン	24
弧度	27, 78
――法	27, 52
根号	9

サ

最小	121
――値	68, 121
最大	121
――値	68, 121
細胞分裂	73
サイン	24
座標	50, 51
――系	50
――軸	50
――平面	51
極――	51, 52, 53
空間――	51
直交――	50
平面――	51
三角関数の逆関数	85
三角比	23, 24, 77
――の相互関係	26
算数	28
三平方の定理	25, 54

シ

時間軸	50
軸	50
指数	17, 18, 19
――法則	19
次数	29, 110
自然数	2
四則計算	16, 28
下に凸	64
10進法	6
実数	11, 13
実部	14
周期的変化	78
従属変数	57
自由落下	88
象限	51
小数	5, 7
――点	7
純――	7
循環――	8
帯――	7
無限――	8
有限――	8
上端	140
商の微分法の公式	106
乗法	16
――公式	31
除法	16
真数	21

ス

数	2
――の大小	3
数学	28
数直線	3, 51
図形の数値化	53

セ

正（＋）	4
正弦	24
整式	29
整数	2, 9, 11
正の――	2
負の――	2
プラスの――	2
マイナスの――	2
正接	24
積の微分法の公式	105
積分	132, 133
――記号	137
――計算	138
――定数	144
関数の――	135
積分法の応用	153
接線	89, 92, 115
――の傾き	92

索　引

―― の方程式　115, 119
絶対値　11, 46
接点　92
切片　60
狭い土地　128

ソ

双曲線　62
増減表　125
走行距離　88, 93, 111, 168
走行時間　88, 93
相似　23, 62

タ

対数　17, 21
　―― 法則　22
　自然 ――　22
　常用 ――　22
代数学　53
体積　157
　―― の計算　162
楕円　55, 116
多項式　29
足し算　168
　仮想の ――　137
単位　18
単項式　28
タンジェント　24
単振動　57

チ

置換　149
　―― 積分法　148, 150
直線　89
直線の方程式　60

直角三角形　54

テ

底　18, 19, 21
定積分　141, 142
　―― の性質　146
定理　114
展開　31
　―― 式　32
天秤　34

ト

等価　83
導関数　100, 102, 140
　1次 ――　110
　n次 ――　110
　高次 ――　110
　3次 ――　110
　2次 ――　110
等号　41
等式　41
　―― の原理　34
等分割　5
独立変数　57
取りつくし法　132, 133
取り残し　134
トルストイ　128

ニ

二項定理　32
2次式　89
2進法　19

ハ

発散　97

速さ　88, 93, 111, 168
　平均 ――　89
半直線　52
判定　114
判別式　39

ヒ

引き算　168
ピタゴラスの定理　25
微分　88, 89, 100, 133
　―― 可能　112, 113
　―― 可能性　112
　―― 係数　100, 101, 112
　―― の記号　101
　―― の公式　102
微分積分の基本定理　141
微分と積分　167
微分法　93, 95
　―― の公式　113
　逆関数の ――　109
　合成関数の ――　107
　積と商の ――　104
比例　60
　―― 関係　60
　―― 定数　60
広い土地　128

フ

負（−）　4
複素数　14
不定形　96
不定積分　141, 142, 144
　―― の性質　144
不等号　41

——の逆転　42	1元——　35	**モ**
不等式　41, 43, 46, 125	1元1次——　35	文字式　28
連立——　45	1元2次——　36	
部分積分法　152	1次——　35	**ユ**
不連続　98	n元——　35	有比数　12
分割	高次——　35, 36	有理数　9, 11
——の思想　94, 95, 100	2元——　35	
——要素　94	2元1次——　40	**ヨ**
分子　5	2次——　36	余弦　24
分数　5	連立——　40	
帯——　6	放物線　64, 89	**ラ**
分配法則　16, 31	——の軸　64	ラジアン　27, 78
分母　5	——の頂点　64	落下距離　88, 110
		落下時間　88, 110
ヘ	**ミ**	
閉区間　124	未知数　33, 35	**リ**
平行移動　64, 67	**ム**	理想気体の状態方程式　62
平方根　9	無限　97	**ル**
ホ	無比数　12	累乗根　10
法線　115	無理数　9, 11	
方程式　28, 33, 46, 125	**メ**	**レ**
——を解く　35	面積　153, 154	連続　98

著者略歴

志村史夫（しむらふみお）

1948年　東京・駒込に生まれる
1974年　名古屋工業大学大学院修士課程修了（無機材料工学）
1982年　名古屋大学工学博士（応用物理）
現在　　静岡理工科大学教授，ノースカロライナ州立大学併任教授

主な著書　『古代日本の超技術』（講談社ブルーバックス），『こわくない物理学 物質・宇宙・生命』（新潮文庫），『アインシュタイン丸かじり』（新潮新書），『誰でも数学が好きになる』（ランダムハウス講談社）など著書多数
2002年　日本工学教育協会賞「著作賞」受賞

徹底的に微分積分がわかる　**数学指南**

2008年3月25日　第1版発行

検印省略

定価はカバーに表示してあります．

著作者　志村史夫
発行者　吉野和浩
発行所　東京都千代田区四番町8番地
　　　　電話　(03)3262-9166〜9
　　　　株式会社　裳華房

印刷製本　壮光舎印刷株式会社

社団法人 自然科学書協会会員

JCLS　〈㈳日本著作出版権管理システム委託出版物〉
本書の無断複写は著作権法上での例外を除き禁じられています．複写される場合は，そのつど事前に㈳日本著作出版権管理システム（電話 03-3817-5670，FAX 03-3815-8199）の許諾を得てください．

ISBN 978-4-7853-1549-8

© 志村史夫, 2008　Printed in Japan

2008年3月現在

■数学選書■

1 線型代数学　佐武一郎著　定価3360円
2 ベクトル解析　岩堀長慶著　定価5145円
3 解析関数(新版)　田村二郎著　定価4515円
4 ルベーグ積分入門　伊藤清三著　定価4200円
5 多様体入門　松島与三著　定価4620円
6 可換体論(新版)　永田雅宜著　定価4725円
9 代数概論　森田康夫著　定価4515円
10 代数幾何学　宮西正宜著　定価4935円
11 リーマン幾何学　酒井隆著　定価6300円
12 複素解析概論　野口潤次郎著　定価4830円
13 偏微分方程式論入門　井川満著　定価4515円

■数学シリーズ■

集合と位相　内田伏一著　定価2730円
代数入門 —群と加群—　堀田良之著　定価3255円
多変数の微分積分　大森英樹著　定価3150円
位相幾何学　加藤十吉著　定価3990円
関数解析　増田久弥著　定価3150円
数理統計学(改訂版)　稲垣宣生著　定価3780円
微分積分学　難波誠著　定価2940円
測度と積分　折原明夫著　定価3675円
確率論　福島正俊著　定価3150円

微分積分読本 —1変数—　小林昭七著　定価2415円
続微分積分読本 —多変数—　小林昭七著　定価2415円
線形代数演習　内田・高木・剱持・浦川 共著　定価2520円
微分積分演習　岡安・吉野・高橋・武元 共著　定価2730円
応用解析セミナー微分方程式　垣田高夫著　定価1785円
応用解析セミナー数値計算　大石進一著　定価2310円
物理数学コース常微分方程式　渋谷・内田共著　定価1995円
物理数学コース偏微分方程式　渋谷・内田共著　定価1995円
物理数学コースフーリエ解析　井町・内田共著　定価1890円
曲線と曲面 —微分幾何的アプローチ—　梅原・山田共著　定価2835円
位相入門　内田伏一著　定価2310円
解析入門 —級数/複素関数/ベクトル解析—　浦川肇著　定価2205円
リー代数入門　佐藤肇著　定価2100円
位相幾何入門　小宮克弘著　定価2415円
複素解析へのアプローチ　山本・坂田共著　定価2415円
フーリエ解析へのアプローチ　長瀬・齋藤共著　定価2415円

裳華房ホームページ　http://www.shokabo.co.jp/